生态系统生产总值（GEP）核算理论与方法

欧阳志云　肖　燚　朱春全等　著

U0296350

科学出版社

北　京

内 容 简 介

本书集成了中国科学院生态环境研究中心研究团队生态资产与生态系统生产总值（也称生态产品总值，GEP）研究的成果，系统介绍了生态资产与生态系统生产总值的内涵、评估方法及其在不同地理区及行政区的应用。本书理论与实践相结合，全面介绍了生态资产与生态系统生产总值核算的研究进展。

本书可为生态学、生态经济学科研工作者及决策者研究和应用生态资产与生态系统生产总值核算方法提供借鉴。

图书在版编目(CIP)数据

生态系统生产总值（GEP）核算理论与方法／欧阳志云等著. —北京：科学出版社，2021.7

ISBN 978-7-03-054157-4

Ⅰ.①生… Ⅱ.①欧… Ⅲ.①生态系–生产总值–经济核算–研究 Ⅳ.①X196

中国版本图书馆 CIP 数据核字（2017）第 188653 号

责任编辑：张 菊／责任校对：樊雅琼
责任印制：吴兆东／封面设计：无极书装

科 学 出 版 社 出版
北京东黄城根北街 16 号
邮政编码：100717
http://www.sciencep.com

北京凌奇印刷有限责任公司 印刷
科学出版社发行 各地新华书店经销

*

2021 年 7 月第 一 版 开本：720×1000 1/16
2023 年 2 月第三次印刷 印张：15
字数：300 000

定价：168.00 元
（如有印装质量问题，我社负责调换）

《生态系统生产总值（GEP）核算理论与方法》
主要撰写成员

欧阳志云　肖　燚　朱春全　郑　华

邹梓颖　　宋昌素　博文静　黄斌斌

前　言

　　地球上复杂多样的气候、土壤、地形等自然条件，孕育了森林、灌丛、草地、湿地、农田等多种生态系统类型，这些生态系统是人类拥有的珍贵生态资产，它们为人类提供了粮食、工业原材料等物质资源及水源涵养、土壤保持、洪水调蓄、水质净化、固碳、休憩娱乐等丰富的生态系统服务，统称为生态产品，进而支撑了经济社会可持续发展。然而，在气候变化和人类活动的强烈影响下，生态资产的数量和质量均在不断发生变化，生态资产存量的变化，相应地影响了其提供的生态产品的变化，最终直接影响人类必需的物质需求、健康、安全及风险规避等福祉。如何测度生态资产和生态系统服务的状态及变化，是生态学和生态经济学研究的热点与难点，也是将生态系统评估纳入管理决策的重要切入点。

　　我国高度重视生态资产存量保护及生态系统服务流量可持续利用。习近平总书记强调"绿水青山就是金山银山""我们既要绿水青山，也要金山银山"。党的十九大报告也指出：既要创造更多物质财富和精神财富以满足人民日益增长的美好生活需要，也要提供更多优质生态产品以满足人民日益增长的优美生态环境需要。这些生态文明思想深刻揭示了生态资产存量与生态系统服务流量的内在关联，既强调了"绿水青山"作为生态资产存量的保护保育，也突出了生态系统服务流量蕴含的巨大经济价值及其作为"金山银山"的可持续利用价值。开展生态资产与生态系统服务核算是践行"绿水青山就是金山银山"理念和支撑生态效益核算、生态保护成效评估、生态补偿机制等生态文明制度建设的迫切需求。

　　不断加剧的人类活动削减生态资产，导致生态系统服务退化，给人类福祉带来深刻影响。随着这种认识的加深，生态系统评估，尤其是生态系统服务评估逐渐成为国内外关注的热点。围绕生态资产的分类、定义与评估，以及生态系统服务的评估方法及政策应用，已开展了大量研究。联合国千年生态系统评估（MA）及生物多样性和生态系统服务政府间科学政策平台（IPBES）均将影响人类福祉的生态系统服务作为评估的核心。国内的生态系统服务研究也有效支撑了全国生态功能区划、生态转移支付范围的确定、生态保护红线框架划定、国家公园规划和自然保护地体系规划等政策创新。但生态资产与生态系统服务评估研究仍面临诸多挑战：一方面，生态资产是存量，生态系统服务是流量，存量、流量缺乏统筹评估，导致生态系统服务的供给缺乏可靠的物质基础；另一方面，生态资产与生态系统服务及其经济价值缺乏统一的评估方法，导致评估结果缺乏时空可比性，影响评估成果的决策应用。

　　2013 年，欧阳志云研究员与时任世界自然保护联盟（IUCN）中国代表朱春全博士开创性地提出"生态系统生产总值"（gross ecosystem product，GEP）概念，将其定义为生态系统在特定时间内（通常为一年）为人类福祉和经济社会提供的最终产品与服务（简称生态产品）价值的总和，构建了 GEP 核算的指标体系和核算方法。在中国科学院科技服务网络计划项目"生态系统生产总值（GEP）核算方法研究与应用"和国家重点研发计划项目"生态资产、生态补偿与生态文明科技贡献核算理论、技术体系与应用示范"等资助下，我们辨析了生态资产存量与生态系统服务流量的内涵及内在关联，提出了统筹数量与质量的生态资产评估方法，并在全国及内蒙古、青海、贵州和广东深圳、浙江丽水、云南普洱、吉林通化、海南海口、内蒙古阿尔山、浙江德清等全国不同生态地理区开展应用示范核算，旨在为践行"绿水青山就是金山银山"理念、促进生态资产与生态系统生产总值核算成果纳入决策、支撑生态保护绩效考核等生态文明制度建设和美丽中国建设提供指标与生态系统核算方法。

　　本书集成了中国科学院生态环境研究中心研究团队关于生态资产与生态系统生产总值研究的成果，系统介绍了生态资产与生态系统生产总值的内涵、评估方法及其在不同地理区及行政区的应用。全书分为 8 章，第 1 章阐释了生态资产与生态系统生产总值的内涵及核算思路与框架；第 2 章和第 3 章分别介绍了生态资产与生态系统生产总值核算方法；第 4 章展示了生态资产核算方法在全国评估中的应用；第 5~7 章分别介绍了生态系统生产总值核算方法在全国及不同生态地理区和省、市、县等不同等级行政区中的应用；第 8 章总结了生态资产与生态系统生产总值核算方法及应用的主要结果和政策应用建议。本书理论与实践相结合，全面介绍了生态资产与生态系统生产总值核算的研究进展，可为生态学、生态经济学科研工作者及决策者研究和应用生态资产与生态系统生产总值核算方法提供借鉴。

　　本书力求系统介绍我们在生态资产与生态系统生产总值核算方法及应用中的研究成果，但由于该研究领域涉及面广、问题复杂、难度大，加之我们水平有限，书中疏漏之处在所难免，恳请广大读者批评指正，以便在后续研究中加以改进。

作　者

2020 年 12 月

目　　录

| 1 |　绪　　论

1.1　定义与内涵

陆地生态系统是指地球表面陆地生物及其环境通过能流、物流、信息流形成的功能整体。陆地生态系统包括森林生态系统、草地生态系统、湿地生态系统、荒漠生态系统、农田生态系统、城市生态系统等类型。

生态系统服务是人类从生态系统中得到的惠益，包括生态系统物质产品、调节服务、文化服务及支持服务。

生态资产是自然资源资产的重要组成部分，是能够为人类提供生态产品和服务的自然资产，包括森林、灌丛、草地、湿地、荒漠等自然生态系统和农田、人工林、人工草地、水库、城镇绿地等以自然生态过程为基础的人工生态系统等。

生态产品是指在不损害生态系统稳定性和完整性前提下，生态系统为人类提供的物质和服务产品，如粮食、蔬菜、水果、林产品等物质资源，水源涵养、水土保持、污染物降解、固碳、气候调节等调节服务，以及源于生态系统结构和过程的文学艺术灵感、知识、教育和景观美学等文化服务。

生态系统生产总值（也称生态产品总值，GEP）定义为生态系统为人类福祉和经济社会可持续发展提供的最终产品与服务（简称生态产品）价值的总和，主要包括生态系统提供的物质产品、调节服务和文化服务的价值。

1.2　生态资产核算

1.2.1　生态资产核算目的

生态资产是支撑经济社会发展和人类福祉的重要基础。但在经济发展过程中，生态破坏和环境污染等问题逐渐突出，自然资源被过度开发，导致生态资产负债急剧增加，经济社会可持续发展面临挑战。建立完善的生态资产管理办法，是保护我国生态资源、应对生态环境问题的重要措施。生态资产管理办法的实施，需要对生态资产核算指标和方法进行探索。但生态资产核算目前还面临一些技术、观念和制度方面的障碍，如生态资产的概念没有统一的界定、各类生态资产的核算方法还存在很多争议及缺乏全面系统的生态环境监测数据，环境数据质量还达不到核算要求等。统一生态资产及生态资产核算的概念，探索建立生态资产核算的指标和方法体系，开展生态资产核算的案例研究，是建立生态资产管理办法、健全生态资产管理制度的科学支撑和重要保障。

1.2.2　生态资产核算思路

关于生态资产核算，国内外已经进行了多方面的研究，形成了阶段性的理论和方法。

（1）联合国等单位编写的《综合环境经济核算体系》（SEEA），该框架阐述了经济与环境之间的相互作用、环境资产存量及其变化，涵盖三个领域的核算：物质与能源实物流量、环境资产存量及与环境有关的经济活动和交易。其中，环境资产包括矿产和能源、木材资源、土地、水资源等，其核算方法与思路为生态资产核算提供了理论基础。

（2）欧盟统计局编写的《欧洲森林环境与经济核算框架》（IEEAF-2002），该框架对森林资源核算及纳入国民经济核算体系进行了系统研究，提出了森林资源核算的估价方法，如净现值法、立木价值法等，在联合国、国际热带木材组织等国际机构的有关研究中得到了广泛应用，也在丹麦、德国、法国、奥地利、芬兰等国家进行了具体试点和推广。

（3）联合国粮食及农业组织编写的《林业环境与经济核算指南》（FAO-2004 指南），核算内容包括：林地和林木资产核算；林产品和服务流量核算等。该指南将林业环境与经济核算作为一种政策分析工具，制定有效的国家相关政策和林业发展规划，实现森林的可持续经营。

这些研究成果为开展生态资产核算提供了基本理论和方法依据。生态资产的核算思路是针对区域不同类型的生态系统，构建生态资产核算指标体系，探索生态资产实物量核算方法。

党的十八届三中全会通过的《中共中央关于全面深化改革若干重大问题的决定》提出，探索编制自然资源资产负债表。以资产核算账户的形式，对全国或一个地区主要自然资源资产的存量及增减变化进行分类核算。客观地评估当期自然资源资产实物量的变化，全面反映经济发展的资源消耗、环境代价和生态效益，为环境与发展综合决策、政府生态环境绩效评估考核、生态环境补偿等提供科学依据。

1.2.3　生态资产核算框架

生态资产是生产与提供生态产品与服务的自然资源，包括森林、灌丛、草地、湿地、农田、城镇绿地等。生态资产核算内容包括实物量和价值量两部分。实物量即森林、灌丛、草地、湿地、农田、城镇绿地等各类生态系统的资源存量，包括生态系统的面积、质量及综合评价指数。价值量是通过估价的方法，将实物量转换成货币的表现形式。生态资产的核算框架如图 1-1 所示。

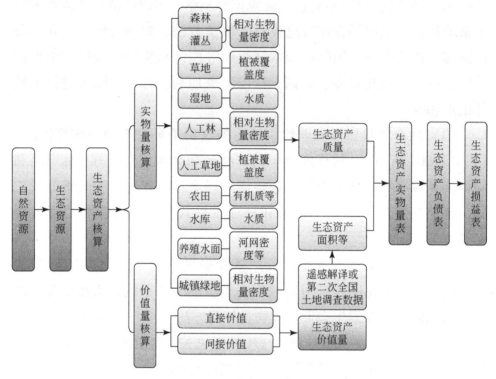

图 1-1　生态资产核算框架

生态资产的实物量核算是对生态资产存量进行核算，由生态资产面积和质量两部分的核算组成，然而由于生态资产面积和质量量纲不一，无法加和，因此对区域生态资产的综合评估需要融合面积指标和质量指标。

生态资产面积可以通过对基于遥感的生态系统分类图对不同生态资产类型进行统计后确定，而生态资产质量的评估比较复杂，其主要与两个因素有关。

（1）如何选取生态资产质量的替代性指标。影响生态资产质量的因子包括生物因子和非生物因子。生物因子中，植被种类和数量，生境面积，特别物种、群落和性状的保有，生物多样性和景观复杂性直接影响生态资产提供生态系统服务功能的强弱；非生物因子中，土壤、地形和气候等通过影响生物因子间接影响生态资产提供生态系统服务功能强弱。

（2）如何消除气候、地形和土壤等自然禀赋的空间异质性对质量评估的影响。由于全国横跨多个气候带、地理区，以及土壤的空间异质性，在没有人类活动干扰条件下，不同区域生态资产类型和质量存在固有差异，因此在对其质量进行评估时需要根据气候、地形和土壤的空间差异进行空间分区，根据这些自然禀赋的空间异质性对生态资产质量进行评估。

1.3　生态系统生产总值核算

1.3.1　生态系统生产总值核算目的

描绘生态系统运行的总体状况。生态系统在维持自身结构与功能过程中，向人类提供了多种多样的产品和服务。以生态系统提供产品和服务的功能量与价值量为基础，通过核算生态系统生产总值，借助生态系统生产总值大小及其变化趋势可以定量刻画生态系统运行的总体状况。

评估生态保护成效。生态系统服务的损害和削弱导致了水土流失、沙尘暴、洪涝灾害和生物多样性丧失等一系列生态问题，生态保护与建设的主要目标就是维持和改善区域生态系统服务，增强区域可持续发展能力。生态系统生产总值核算就是以生态系统提供的产品和服务评估为基础，是定量评估生态保护成效的有效途径。

评估生态系统对人类福祉的贡献。生态系统服务与人类福祉的关系是国际生态学研究难点和前沿，其焦点是：如何刻画人类对生态系统的依赖作用及生态系统对人类福祉的贡献，通过对生态系统产品和服务的定量评估，生态系统生产总值核算将生态系统与人类福祉联系起来，可以评估生态系统对人类福祉的贡献。

评估生态系统对经济社会发展的支撑作用。生态系统服务是经济社会可持续发展的基础，它既提供了经济社会发展所需的物质产品，也维护了经济社会发展所需的环境条件。生态系统生产总值核算可以明确生态系统所提供的产品和服务在经济社会发展中的支撑作用。

认识区域之间的生态关联。定量描述区域之间的生态依赖性或生态支撑作用。生态系统服务的产生和传递涉及生态系统服务的提供者和受益者，有效关联生态系统服务的提供者和受益者是加强生态保护、科学合理决策的重要依据。考虑生态系统服务的提供者与受益者的生态系统生产总值核算，可以认识区域之间的生态关联，为通过关联不同利益相关者、增强区域尺度生态系统服务提供重要途径。

1.3.2　生态系统生产总值核算思路

核算生态系统生产总值，就是分析与评价生态系统为人类生存与福祉提供的最终产品与服务的经济价值。生态系统生产总值是生态系统产品价值、调节服务价值和文化服务价值之总和。在生态系统服务功能价值评估中，通常将生态系统产品价值称为直接使用价值，将调节服务价值和文化服务价值称为间接使用价值。生态系统生产总值核算通常不包括生态支持服务功能，如有机质生产、土壤及其肥力的形成、营养物质循环、生物多样性维持等功能，原因是这些功能支撑了物质产品功能与生态调节功能，而不是直接为人类的福祉做出贡献，这些功能的作用已经体现在产品功能与调节功能之中。

生态系统生产总值核算的思路是源于生态系统服务功能及其生态经济价值评估与国内生产总值核算。根据生态系统服务功能评估的方法，生态系统生产总值可以从生态功能量和生态经济价值量两个角度核算。生态功能量可以用生态系统功能表现的生态产品与生态服务量表达，如粮食产量、水资源提供量、洪水调蓄量、污染净化量、土壤保持量、固碳量、自然景观吸引的旅游人数等，其优点是直观，可以给人明确具体的印象，但由于计量单位不同，不同生态系统产品产量和服务量难以加和。因此，仅依靠功能量指标，难以获得一个地区及一个国家在一段时间的生态系统产品与服务产出总量。为了获得生态系统生产总值，就需要借助价格，将不同生态系统产品产量与服务量转化为货币单位表示产出，然后加和为生态系统生产总值。生态系统生产总值核算可以为揭示生态系统对经济社会发展和人类福祉的贡献、分析区域之间的生态关联、评估生态保护成效和效益提供科学支撑（图 1-2）。

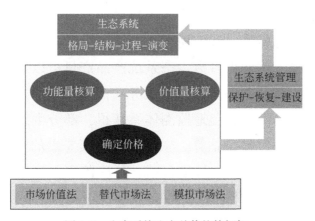

图 1-2　生态系统生产总值核算框架

1.3.3　生态系统生产总值核算方案

针对生态文明制度建设的迫切需求，以生态系统服务功能及其生态经济价值评估与国内生产总值核算为基础，提出生态系统生产总值核算的理论框架，建立生态系统生产总值核算的指标体系，将资源消耗、环境损害、生态效益纳入经济社会发展评价体系，为我国政绩评估考核、离任环境审计、资源有偿使用、生态补偿等制度的建立和完善提供科技支撑。

生态系统生产总值核算的主要研究内容有以下几个方面。

1）生态系统生产总值核算框架

研究生态系统产品、服务功能与人类福祉、经济社会发展的关系；探讨经济社会发展活动对生态系统产品和服务功能影响的途径、强度及可能的后果；明确生态系统提供的最终产品和服务（调节功能和文化功能），建立生态系统生产总值核算指标体系；提出生态系统生产总值核算的主要应用方向。

2）生态系统产品与服务的功能量核算

统计生态系统在一定时间内提供的各类产品的产量、生态调节功能量和生态文化功能量，如生态系统提供的粮食产量、木材产量、水电发电量、土壤保持量、污染物净化量等。尽管尚未建立生态系统服务功能监测体系，然而大多数生态系统产品产量可以通过现有的经济核算体系获得，部分生态系统调节服务功能量可以通过现有水文、环境、气象、森林、草地、湿地监测体系获得，部分生态系统服务功能量可以通过生态系统模型估算。生态系统及其要素的监测体系，生态系统长期监测、水文监测、气象台站、环境监测网络等可以为生态系统产品与服务功能量的核算提供数据和参数。

3）生态系统产品与服务的定价

确定各类生态系统产品与服务的价格，如单位木材的价格、单位水资源量价格、单位土壤保持量的价格等。

自20世纪90年代以来，在生态调节服务和文化服务的价格确定方面取得巨大进展，根据生态系统服务功能类型，建立了不同的定价方法，主要有实际市场技术、替代市场技术和模拟市场技术。实际市场技术以实际市场价格作为生态系统服务的经济价值，其具体定价方法是市场价值法。替代市场技术是以"影子价格"和消费者剩余来表达生态系统服务功能的价格和经济价值，其具体定价方法有机会成本法、影子工程法、替代成本法、旅行费用法等，在评价中可以根据生态系统服务功能类型进行选择。模拟市场技术（又称为假设市场技术），它以支付意愿和净支付意愿来表达生态服务功能的经济价值，在实际研究中，从消费者的角度出发，通过调查、问卷、投标等方式获得消费者的支付意愿和净支付意愿，综合所有消费者的支付意愿和净支付意愿来估计生态系统服务功能的经济价值。

4）生态系统产品与服务的价值量核算

在生态系统产品与服务功能量核算的基础上，核算生态系统产品与服务总经济价值。计算一个地区或国家的生态系统生产总值的公式如下：

$$GEP = EPV + ERV + ECV$$

式中，GEP 为生态系统生产总值；EPV 为生态系统物质产品价值；ERV 为生态系统调节服务价值；ECV 为生态系统文化服务价值。

5）生态系统生产总值核算试点研究

在全国选择不同生态地理区的省、市、县级单元开展示范应用：贵州省、青海省、内蒙古自治区，浙江省丽水市、江西省抚州市、广东省深圳市、吉林省通化市、贵州省黔东南苗族侗族自治州（简称黔东南州）、内蒙古自治区兴安盟、四川省甘孜藏族自治州（简称甘孜州）、内蒙古自治区阿尔山市、贵州省习水县、浙江省德清县、云南省峨山彝族自治县（简称峨山县）和屏边苗族自治县（简称屏边县）等地，建立省、市、县三级试点示范工作体系，完善生态系统生产总值的核算框架和核算方法。

| 2 | 生态资产核算方法

2.1　生态资产核算指标

生态资产实物量是不同质量等级生态系统的面积及野生动植物物种数和重要保护物种的种群数量。核算内容分为自然生态系统和以自然生态过程为基础的人工生态系统，自然生态系统包括森林、灌丛、草地、湿地、荒漠；人工生态系统包括农田、水库、养殖水面和城镇绿地（表2-1）。

表2-1　生态资产实物量核算指标表

生态资产类别	生态资产科目	质量等级（hm²）					实物量核算指标
		合计	优	良	中	差	劣	
自然生态系统	森林	森林小计						相对生物量密度
		针叶林						
		阔叶林						
		针阔混交林						
	灌丛	灌丛小计						
		常绿灌丛						
		落叶灌丛						
	草地	草地小计						植被覆盖度
		草甸						
		草原						
		草丛						

生态资产 类别	生态资产 科目	质量等级（hm²）					实物量核算指标
		合计	优	良	中	差	劣	
自然生态系统	湿地	湿地小计						水质
		湖泊						
		沼泽						
		河流						
	荒漠	荒漠小计						—
		沙地	—	—	—	—	—	
		裸岩	—	—	—	—	—	
		裸土						
以自然生态过程为基础的人工生态系统	农田	农田小计						面积、坡度、土壤有机质、灌溉保证率、有效土层厚度
		旱地						
		水田						
		园地						
	水库	水库						面积、库容、水质
	城镇绿地	城镇绿地						面积
	养殖水面	养殖水面						面积
野生动植物		野生植物数量						物种数量
		野生动物数量						
重要保护动植物		保护植物种群数量						各种保护动植物的数量
		保护动物种群数量						

根据不同的生态系统，设定质量评价指标，分为优、良、中、差、劣5个等级，其中，森林和灌丛的质量评价指标为相对生物量密度；草地的质量评价指标为植被覆盖度；湿地的质量评价指标为水质；农田质量评价指标包括坡度、土壤有机质、有效土层厚度和灌溉保证率等；养殖水面和城镇绿地不进行质量分级。

2.2　生态资产实物量核算方法

2.2.1　生态资产面积核算方法

生态资产的面积可以通过遥感解译法获取，同时也可以根据研究区自然资源部门的土地利用空间数据进行核算。遥感（RS）和地理信息系统（GIS）广泛应用于全球或区域尺度的生态系统评估。栅格数据的分辨率一般为 25 ~ 100m，高于 10m 的分辨率为高分遥感，如SPOT 卫星影像等，目前也被广泛应用于生态系统评估。

2.2.2　生态资产质量评估方法

1）生态资产特征区划

为降低和消除气候、地形、土壤等自然禀赋差异对生态资产评估的影响，使不同自然因子条件限制下生态资产具有可比性，本研究利用气候、地形、土壤等非生物因子的空间差异特征进行生态资产特征区划，在不同区划范围内重新制定标准对生态资产进行分级。由于不同非生物因子间并不完全互相独立，一些非生物因子间具有较强的耦合效应。例如，海拔与气温间相关程度显著，海拔每增加 100m，气温下降 0.6℃。土壤水分变化与气温和降水变化相关性显著，降水增加有利于提高土壤水分持有量，相反，气温升高会加速土壤水分蒸发，促使土壤水分持有量减少。在生态资产特征分区过程中要尽量避免选取彼此间存在较强相关性的非生物因子，通过分析后最终选取如表 2-2 所示的因子并依据相应的标准进行分级。同时结合 GIS 空间制图技术对生态资产进行特征分区，最终共分成 41 个区域。

表 2-2　不同非生物因子分级标准

气温		降水		土壤有机质		坡度	
日均温>10℃年积温（℃）	名称	年降水量（mm）	名称	有机质含量（%）	名称	坡度范围（°）	名称
<1600	寒温带	≤200	干旱区	<0.6	低	≤5	平坡
1600～3400	中温带	200～400	半干旱	0.6～1.0	较低	6～15	缓坡
3400～4500	暖温带	400～800	半湿润	1.0～2.0	中	16～25	斜坡
4500～8000	亚热带	≥800	湿润	>2.0	高	26～35	陡坡
>8000	热带					≥35	急坡
<2000（青藏高原）	青藏高寒区						

2）生态资产质量分级

由于不同生态资产类型存在差异，所以针对不同类型的生态资产分别采用不同的评价指标对生态资产质量进行分级。不同类型生态资产所采用的评价指标及其分级标准如表 2-3 所示。

表 2-3　生态资产等级划分标准

生态资产类别	指标	生态资产等级				
		优	良	中	差	劣
森林	相对生物量密度	[100, 80)	[80, 60)	[60, 40)	[40, 20)	[20, 0]
灌丛	相对生物量密度	[100, 80)	[80, 60)	[60, 40)	[40, 20)	[20, 0]
草地	植被覆盖度（%）	[100, 80)	[80, 60)	[60, 40)	[40, 20)	[20, 0]
湿地	水质	I 类	II 类	III 类	IV 类	V 类和劣 V 类
农田	光温潜力、土壤质量、灌溉保证率等	1～3 级	4～6 级	7～9 级	10～12 级	13～15 级

不同类型生态资产评价指标的计算和获取方法如下。

（1）相对生物量密度。

相对生物量密度是评价森林和灌丛生态资产质量的指标，相对生物量密度为各分区内生物量与顶极群落生物量比值的百分比。顶极群落是当地非生物因子限制条件下生态演替的最终阶段，是该区域内生态资产质量最好、等级最高的部分，其物种组成、数量和群落结构保持稳定，物质能量输入与输出保持相等，生物量高且随时间变化波动小。基于该理论利用生物量空间分布图识别不同区间顶极群落（生物量数值排名区域前10%，2000~2015年波动幅度小于5%），考虑到森林、灌丛等不同植被类型结构和功能的差异，为提高同种植被类型内部生态资产质量的可比性，结合土地利用类型空间分布图筛选不同生态资产特征分区内部的森林、灌丛顶极群落。

相对生物量密度的具体计算方法如下所示：

$$\text{RBD}_i = \frac{B_i}{\text{CCB}} \times 100\%$$

式中，RBD_i 为森林或灌丛生态资产 i 像元的相对生物量密度；B_i 为森林或灌丛生态资产 i 像元的生物量；CCB 为同一分区内的森林或灌丛顶极群落的生物量。

全国生物量数据是基于 MODIS 传感器的 MOD15A2H 产品中的 LAI 构建回归系数方程来反演大面积范围的地上生物量，同时利用320个地面样地的实测生物量对反演的数据精度进行验证，精度验证结果如图2-1所示，两者拟合程度较好，满足研究所需数据精度要求。

（2）植被覆盖度。

草地生态资产的质量采用植被覆盖度来评价。植被覆盖度是反映草地状况的重要指标，可以利用 NDVI 基于像元二分模型理论进行计算。该理论认为一个像元的 NDVI 值是由绿色植被部分贡献的信息与无植被覆盖部分贡献的信息组合而成，具体计算公式如下：

$$\text{FVC} = \frac{\text{NDVI} - \text{NDVI}_{\text{soil}}}{\text{NDVI}_{\text{veg}} - \text{NDVI}_{\text{soil}}}$$

式中，FVC 为植被覆盖度；NDVI 为归一化植被指数；NDVI_{veg} 为纯植被像元的 NDVI 值；$\text{NDVI}_{\text{soil}}$ 为完全无植被覆盖像元的 NDVI 值。

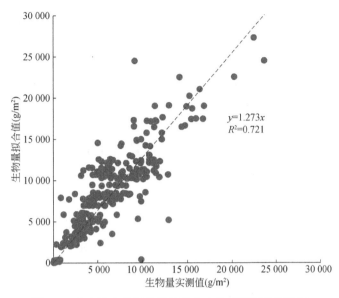

图 2-1　生态资产特征分区及地上生物量模拟结果验证

（3）水质。

河流、湖泊、沼泽等是湿地生态资产的主要类型，同时也是水生动植物的栖息地，具有水产品供给和洪水调节等多种生态系统服务。衡量湿地质量状况的主要指标包括氮、磷等化学物质的含量及水中物种的丰富度，这些指标影响水质等级，因此湿地生态资产的等级依据河流、湖泊、沼泽等湿地水质等级进行划分。

（4）农田。

水田、旱地、园地和养殖水面质量等级参照国土资源部门完成的耕地质量等级调查结果，耕地质量共分为 15 级。

2.3　生态资产综合核算方法

2.3.1　生态资产类型指数及综合指数

区域生态资产状况评价的生态资产面积和质量两个指标量纲不统

一，本节提出生态资产类型指数与生态资产综合指数，以对类型水平和区域水平的生态资产存量及变化进行评价。生态资产类型指数依据生态资产等级从优到劣分别赋予5、4、3、2、1不同权重，将不同权重与其对应等级生态资产面积乘积和该类生态资产总面积与最高质量权重（$i=5$）乘积的比值称为生态资产质量等级指数（无量纲），生态资产面积（km^2）与区域总面积的比值称为生态资产面积指数（无量纲），质量等级指数与面积指数的乘积并乘以系数100（对指数的大小范围进行调节，使其落在 $0 \sim 100$）即为生态资产类型指数，用以衡量不同类型生态资产的综合状况；生态资产综合指数是各类型生态资产类型指数之和，用以衡量区域生态资产的综合状况。具体计算方法如下所示：

$$EQ_i = \frac{\sum_{j=1}^{5}(EA_{ij} \times j)}{(EA_i \times 5)} \times \frac{EA_i}{S} \times 100$$

$$EQ = \sum_{i=1}^{k} EQ_i = \frac{\sum_{i=1}^{k}\sum_{j=1}^{5}(EA_{ij} \times j)}{\sum_{i=1}^{k} EA_i \times 5} \times \frac{\sum_{i=1}^{k} EA_i}{S} \times 100$$

式中，i 为生态资产类型；j 为生态资产等级权重因子；EA_i 为第 i 类生态资产的面积；EA_{ij} 为第 i 类第 j 等级生态资产的面积；EQ_i 为第 i 类生态资产指数；k 为区域的生态资产类型种类数；EQ 为生态资产综合指数；S 为区域的总面积，本节取全国陆地总面积960万 km^2。

2.3.2　生态资产实物量核算表

生态资产实物量是指不同质量等级的森林、草地、湿地、农田、城镇绿地等生态系统的面积及野生动植物物种数和重要保护物种的种群数量。生态资产实物量核算的目的是记录不同质量的生态资产当期的实物量存量，并以此为依据，计算生态资产实物量在核算期内发生的变化情况（表2-4）。

表2-4　2×××年生态资产实物量核算表

生态资产类别	生态资产科目		质量等级														
		合计	优			良			中			差			劣		
			面积	比例	变化率	面积	比例	变化率	面积	比例	变化率	面积	比例	变化率	面积	比例	变化率
自然生态系统	森林	森林小计															
		针叶林															
		阔叶林															
		针阔混交林															
	灌丛	灌丛小计															
		常绿灌丛															
		落叶灌丛															
	草地	草地小计															
		草甸															
		草原															
		草丛															
	湿地	湿地小计															
		河流															
		湖泊															
		沼泽															
	荒漠	荒漠小计															
		裸土															
		裸岩															
		沙地															
以自然生态过程为基础的人工生态系统	农田	农田小计															
		旱地															
		水田															
		园地															
	水库	水库															
	城镇绿地	城镇绿地															
	养殖水面	养殖水面															

生态资产类别	生态资产科目	合计	质量等级													
			优			良			中			差			劣		
			面积	比例	变化率	面积	比例	变化率	面积	比例	变化率	面积	比例	变化率	面积	比例	变化率
野生动植物	野生植物数量																
	野生动物数量																
	……																
重要保护动植物	保护植物种群数量																
	保护动物种群数量																
	……																

2.3.3 生态资产实物量负债表

生态资产实物量负债表记录不同质量的生态资产期初和期末存量及在该核算期内发生的变化情况（表2-5）。从生态资产核算期期初开始，到期末结束，实物量负债表计算核算期间不同质量等级生态资产实物量的变化率。

表2-5 2×××年生态资产实物量负债表

生态资产类别		生态资产科目	质量等级													
			优			良			中			差			劣		
			期初面积	期末面积	变化量	期初面积	期末面积	变化量	期初面积	期末面积	变化量	期初面积	期末面积	变化量	期初面积	期末面积	变化量
自然生态系统	森林	森林小计															
		针叶林															
		阔叶林															
		针阔混交林															

续表

生态资产类别	生态资产科目	质量等级														
		优			良			中			差			劣		
		期初面积	期末面积	变化量	期初面积	期末面积	变化量	期初面积	期末面积	变化量	期初面积	期末面积	变化量	期初面积	期末面积	变化量
自然生态系统	灌丛	灌丛小计														
		常绿灌丛														
		落叶灌丛														
	草地	草地小计														
		草甸														
		草原														
		草丛														
	湿地	湿地小计														
		湖泊														
		沼泽														
		河流														
	荒漠	荒漠小计														
		裸土														
		裸岩														
		沙地														
以自然生态过程为基础的人工生态系统	农田	农田小计														
		旱地														
		水田														
		园地														
	人工林	针叶人工林														
		阔叶人工林														
		人工灌木林														
	水库	水库														
	城镇绿地	城镇绿地														
	养殖水面	养殖水面														

续表

生态资产类别	生态资产科目	期初数量	期末数量	变化率
野生 动植物	野生植 物数量			
	野生动 物数量			
重要保护 动植物	保护植物 种群数量			
	……			
	保护动物 种群数量			
	……			

2.3.4 生态资产实物量损益表

生态资产实物量损益表记录森林、草地、湿地等各单项生态资产期初和期末的存量，以及存量在该核算期内发生的各类变化（表2-6～表2-9）。生态资产存量在一个核算期内的数量变化原因有很多，有些变化来自人类活动的影响，如森林砍伐或人工造林；有些变化由自然现象引起，如森林火灾造成林木资源减少等。生态资产实物量损益表核算目的是评估当前的经济活动方式是否会导致现有生态资产发生耗减和退化，能够为生态资产管理提供有效帮助。

表2-6 森林生态资产实物量损益表

核算项目	森林面积（hm²）				
	针叶林	阔叶林	针阔混交林	灌木林	其他林地
期初森林生态资产存量					
存量增加					

核算项目	森林面积（hm²）				
	针叶林	阔叶林	针阔混交林	灌木林	其他林地
造林					
自然恢复					
存量总增加					
存量减少					
人工采伐					
城市建设					
农田开垦					
景观建设					
灾害建设					
存量总减少					
期末森林生态资产存量					

表 2-7 草地生态资产实物量损益表

核算项目	草地面积（km²）
期初草地生态资产存量	
存量增加	
退耕还草	
森林退化	
存量总增加	
存量减少	
农田开垦	
城镇建设	
森林恢复	
其他因素	
存量总减少	
期末草地生态资产存量	

表2-8 湿地生态资产实物量损益表

核算项目	河流（km）					湖泊（hm²）				
	优	良	中	差	劣	优	良	中	差	劣
期初湿地生态资产存量										
存量增加										
水环境治理										
退耕还湿										
其他因素										
存量总增加										
存量减少										
湿地萎缩										
水污染										
其他因素										
存量总减少										
期末湿地生态资产存量										

表2-9 农田生态资产实物量损益表

核算项目	耕地面积（km²）		
	合计	水田	旱地
期初农田生态资产存量			
存量增加			
农田开垦			
其他因素			
存量总增加			
存量减少			
城镇建设			
退耕还林			
退耕还草			
其他因素			
存量总减少			
期末农田生态资产存量			

| 3 | 生态系统生产总值核算方法

3.1 生态系统生产总值核算理论

生态系统生产总值是生态系统为人类提供的最终产品和服务的价值总和。根据生态系统服务功能评估的方法，生态系统生产总值可以从生态产品功能量和生态产品经济价值量两个角度核算。

生态产品功能量可以用生态系统功能提供的生态产品与生态服务功能量表达，如粮食产量、水资源提供量、洪水调蓄量、污染净化量、土壤保持量、固碳量、自然景观吸引的旅游人数等。虽然生态产品功能量的表达指标直观，可以给人明确具体的印象，但由于计量单位的不同，不同生态系统产品产量和服务量难以加和。

生态产品经济价值量，借助价格将不同生态系统产品产量与功能量转化为货币单位表示产出，统一不同生态产品与服务的计量单位，使得所有生态产品与生态服务的价值进行汇总加和成为可能，汇总结果即为生态系统生产总值。

3.1.1 功能量核算

生态系统最终产品与服务的功能量核算，主要是从功能量的角度对生态系统提供的各项服务进行定量评价，即根据不同区域不同生态系统的结构、功能和过程，从生态系统服务功能机制出发，利用适宜的定量方法确定最终产品与服务的物质数量。功能量核算，即统计人类从生态系统中直接或间接得到的最终产品的功能量，如生态系统提供的粮食产量、木材产量、水土保持量、污染物净化量、固碳量，以及自然景观吸引的旅游人数等。

尽管尚未建立生态系统服务功能监测体系，然而大多数生态系统产品产量可以通过现有的经济核算体系获得，部分生态系统调节服务功能量可以通过现有水文、环境、气象、森林、草地、湿地监测体系获得，部分生态系统服务功能量可以通过生态系统模型估算，生态系统及其要素的监测体系、生态系统长期监测、水文监测、气象台站、环境监测网络等可以为生态系统最终产品与服务功能量的核算提供数据和参数。

功能量核算的特点是能够比较客观地反映生态系统的生态过程，进而反映生态系统的可持续性。运用功能量核算方法对生态系统最终产品与服务进行核算，其结果比较直观，且仅与生态系统自身健康状况和提供服务功能的能力有关，不会受市场价格不统一和波动的影响。功能量核算特别适合于同一生态系统不同时段提供服务功能能力的比较研究，以及不同生态系统所提供的同一项服务功能能力的比较研究，是生态系统服务功能评价研究的重要手段。

功能量核算是以生态系统服务功能机制研究为理论基础的，生态系统服务功能机制研究程度决定了功能量核算的可行性和结果的准确性。功能量核算采用的手段和方法主要包括定位实验研究、遥感、GIS、调查统计等，其中，定位实验研究是主要的服务功能机制研究手段和技术参数获取手段，RS 和调查统计则是主要的数据来源，GIS 为功能量核算提供了良好的技术平台，但是不同尺度基础数据的转换和使用方法尚待进一步研究。功能量核算是价值量评价的基础。

单纯利用功能量核算方法也有局限性，主要表现在由于各单项生态系统服务功能量纲不同，所以无法进行加和，从而无法评价生态系统的综合服务功能（肖寒等，2000a）。

3.1.2 价值量核算

生态系统最终产品与服务的价值量核算是在生态系统最终产品与服务功能量核算的基础上，确定各类生态系统最终产品与服务的价格（如单位木材的价格、单位水资源量的价格等），从而核算生态系统最终产品与服务的总经济价值。

关于生态系统服务价值评估的方法有很多研究，其中代表性的观点主要有三种：①Mitchell 和 Carson（1989）根据数据来源和方法是否直接产生货币价值，将价值评估方法分为直接观察、间接观察、直接假设和间接假设4类。直接观察法包括竞争性和模拟性的市场价格的使用；间接观察法包括旅行费用法、特征值法、可避免费用支出法和投票法；直接假设法包括投标法和意愿调查法；间接假设法包括条件排名法、条件行为法、条件投票法等条件价值法。②徐中民等（2000）依据生态系统服务于自然资本的市场发育程度，将价值评估方法分为三类：常规市场评估技术、替代/隐含市场评估技术和假想市场评估技术。其中，常规市场评估技术包括市场价值法、剂量反应法、机会成本法、防护费用法、预防性支出法、重置或恢复成本法、替代成本法、有效成本法、疾病成本法和人力资本法。替代市场评估技术主要包括旅行费用法、资产价值法和享乐定价法。假想市场技术主要包括条件价值评估法和选择实验法。③荒漠生态系统服务功能监测与评估技术研究项目组（2014）将评估方法分为直接市场法、替代市场法和模拟市场法等三类，但是每一类包括的具体评估方法与上述第二种观点有显著不同，他们认为，直接市场法包括市场定价法和市场价值法两种，替代市场法包括费用支出法、机会成本法、影子工程法、人力资本法和享乐定价法等，模拟市场法主要包括条件价值法。

依据生态系统与自然资本的市场发育程度，根据国际上通用的评价方法，本研究将生态系统产品与服务的价值评价方法分为以下三类。

3.1.2.1 实际市场法

评价任何产品或服务最简单、最直接、最常用的方法就是考察其市场价格：花多少钱才能买到，或多少钱可以卖掉。在一个运行良好的竞争性的市场，这些价格取决于相应的供求现状，价格反映了产品或功能的真实稀缺度，并等同于其边际价值。

对已经具有实际市场的生态系统产品和服务，可以采用实际市场法进行评估。这一类生态系统产品和服务可以用消费者剩余和生产者剩余的变动来表示，即产品的价格和数量变化的乘积来表示。李金昌（1999）认为，其基本原理是将生态系统作为生产中的一个要素，生态系统的变化将导致生产率和生产成本的变化，进而影响价格和产出水平的变化，或者将导致产量或预期收益的损失。

在缺乏市场供需信息的情况下，通常假定市场供需固定，用生态系统服务品质改善（或恶化）所带来的产品产量增加（或减少）乘以产品的市场价格，或用生产成本的降低（或增加），或消费者支出金额的减少（或增加），作为生态系统服务的价值（MV）。其快速评价公式可以表达为

$$MV = P \times \Delta Y$$

式中，ΔY 为环境产品和服务的数量变动；P 为单位环境产品和服务的市场净价值。所谓市场净价值是扣除产品成本的单位产品净利。

这个方法是利用由资源环境质量变化或者其他变化引起的产量和利润的变化计量资源环境质量变化带来的经济效益或者经济损失。根据不同方案的经济效益或经济损失的大小排序，效益最大、损失最小的为最佳方案。采用不同方案的前提是市场价格必须正确反映资源的稀缺性。如果存在价格扭曲，需要对价格进行调整。

此评价方法主要包括市场价值法和费用支出法。

市场价值法由简至繁可以分为直接市场价格法和生产率变动法。

1）市场价格法

市场价格法或者称为直接市场价格法，是使用市场价格来估算生

态系统服务价值的方法。例如，当生态系统提供的食物、饮用水、原料和材料，可以在市场上进行交易，就可以使用它们的市场价格来核算这些生态服务的价值。

2）生产率变动法

生产率变动法，是利用生产率的变动来评价环境状况变动影响的方法。生产率的变动是由投入品和产出品的市场价格来计量的。这种方法把环境质量作为一个生产要素，环境质量的变化导致产品价格和产量的变化。利用市场价格就可以计算出自然资源变化发生的经济损失或实现的经济收益。例如，空气污染可能增加机器设备的腐蚀和损坏，从而降低生产率。该方法适用于有实际市场价格的生态系统服务的价值评估，当生态系统服务的变化主要反映在生产率的变化上时可以采用该方法。缺点是只考察直接使用价值而不能考察缺乏市场价格的生态系统服务。

运用生产率变化作为评价基础的技术是传统的费用–效益分析法的延续。生产的实物变化是根据投入和产出的市场价格（或存在扭曲时，则根据经过适当调节的市场价格）来评估的。然后将所得到的货币价值纳入项目的经济分析中去。这个方法直接建立在新古典福利经济学和社会福利决定的基础上，分析的范围得到扩展，以便能包含一项行动的所有费用和效益，而不管这些费用和效益究竟发生在项目的通常范围之内或之外。

生产率变动法的基本步骤：①估计环境变化对受者（财产、机器设备或者人等）造成影响的物理效果和范围。②估计该影响对成本或产出造成的影响。③估计产出或者成本变化的市场价值。

假设环境变化所带来的经济影响（E）体现在受影响的产品的产量、价格和成本等方面，即净产值的变化上，可以用下面的公式表示：

$$E = \left(\sum_{i=1}^{k} p_i q_i - \sum_{j=1}^{k} k\, c_j q_j \right)_x - \left(\sum_{i=1}^{k} p_i q_i - \sum_{j=1}^{k} k\, c_j q_j \right)_y$$

式中，p 为产品的价格；c 为产品的成本；q 为产品的数量；$i = 1$，

2，…，k，指 k 种产品；$j=1$，2，…，k，指 k 种投入；环境变化前后的情况分别用 x、y 表示。

3.1.2.2 替代市场法

此种方法用于没有直接市场交易与市场价格但具有这些服务的替代品的市场与价格的生态服务，以"影子价格"和消费者剩余来表达生态系统服务功能的价格与经济价值，间接估算生态系统服务的价值。

评估方法包括机会成本法、恢复和防护费用法、重置成本法、影子工程法、疾病成本法、旅行费用法和享乐定价法等。

1）机会成本法

以保护某种生态系统服务的最大机会成本（放弃的替代用途的最大收益）来估算该种生态服务的价值。

机会成本法常用来衡量决策的后果。所谓机会成本，就是作出某一决策而不作出另一种决策时所放弃的利益。任何一种自然资源的使用，都存在许多相互排斥的备选方案，为了作出最有效的选择，必须找出社会经济效益最大的方案。资源是有限的，且具有多种用途，选择了一种方案就意味着放弃了使用其他方案的机会，也就失去了获得相应效益的机会，把其他方案中最大经济效益，称为该资源选择方案的机会成本。例如，资源 M 有 A、B、C、D 四种使用方案。A、B、C 三方案所获得效益是可计量的，分别为 1000 元、2000 元、3000 元，而 D 方案效益难以计算，如果按 D 方案进行使用，就失去了按照 A、B、C 方案使用 M 资源的机会，A、B、C 方案中获得的最大经济效益为 3000 元，那么 3000 元就是 M 资源按 D 方案使用时的机会成本；再如，政府想将一个湿地生态系统开发为农田，那么开发成农田的机会成本就是该湿地处于原有状态时所具有的全部效益之和（肖寒等，2000b）。

机会成本法是费用-效益分析法的重要组成部分，它常被用于某些资源应用的社会净效益不能直接估算的场合，是一种非常实用的技术。

它简单易懂，能为决策者和公众提供宝贵的有价值的信息。由于生态系统服务功能的部分价值难于直接评估，因此，可以利用机会成本法通过计算生态系统用于消费时的机会成本，来评估生态系统服务功能的价值，以便为决策者提供科学依据，更加合理地使用生态资源。

计算公式为

$$OC_i = S_i \times Q_i$$

式中，OC_i 为第 i 种资源损失的机会成本价值；S_i 为第 i 种资源单位机会成本；Q_i 为第 i 种资源损失的数量。

2）恢复和防护费用法

恢复和防护费用法是指人们为了消除或减少生态环境恶化的影响而愿意承担的费用，可把恢复或防止一种资源不受污染所需的费用，作为环境破坏、生态系统服务减少带来的最低经济损失，用以评估环境质量或该生态服务的经济价值。

例如，在水环境不断恶化的情况下，人们为了得到安全卫生的饮用水，购买、安装净水设备；为了防止低洼的居住区被洪水吞噬，采取修筑水坝等预防措施。又如，锦州合金厂自 20 世纪 50 年代起存放铬渣 25 万 t，占地 50 多亩①，由于长期受雨雪淋溶，渗入地下，致使周围 1800 眼井水受到 Cr^{6+} 污染，井水不能饮用，为了防止地下水继续被污染，建立了一座铬渣混凝土防护墙，工程投资 421 万元，其投资就是铬渣污染引起的经济损失的最低估计（李金昌，1999）。由于增加了这些措施的费用，就可以减少甚至杜绝生态环境恶化及其带来的消极影响，产生相应的生态效益，从而避免了环境破坏的损失。因为直接评估人类活动对环境质量、生物等的影响非常困难，而运用防护费用法就可以将不知的问题转化为可知的问题。其计算公式如下：

$$V_{td} = \sum E_{tdi}$$

式中，V_{td} 为环境防护工程对生态系统的保护价值；E_{tdi} 为保护生态环境

---

① 1 亩 $\approx 666.67 m^2$。

质量的各项工程的费用。

防护费用法的缺点是，只能评估利用价值而不能评估非利用价值，评价结果是对生态系统服务价值的最低估计。但是，防护费用法对生态环境问题的决策还是非常有益的。因为有些保护和改善生态环境措施的效益，或生态环境价值的评估是非常困难的，而运用这种方法，就可以将不可知的问题转化为可知的问题。

3）重置成本法

重置成本法是指当自然资源、生态系统遭到破坏后，在现行市场公允价值条件下，通过计算恢复生态环境到破坏前的状况所需要的费用，即恢复原生态环境状态与生态系统服务功能所要付出的成本，借以估算生态环境被破坏后所影响的经济价值或者重新复原和恢复其功能并保持其功能需要付出的成本。

该方法的创新思路是把重置成本法在资产评估和环境治理评价的应用中进行了同构，将生态环境视为一种资产，当人类的社会生产、经营等活动对生态环境造成破坏时，该生态环境资产的价值就会被降低和破坏，这部分被破坏的价值，则可以通过重新构建一项新的生态环境资产进行重置。

这种方法的评估结果只是对生态系统服务的经济价值的最低估计。

4）影子工程法

影子工程法是恢复成本法的一种特殊形式。替代工程法是指在生态系统被破坏后，人工建造一个工程来代替生态系统的某种服务功能，用建造新工程的投资成本来估算生态系统服务的价值。

当生态系统服务功能的价值难以直接估算时，可借助能够提供类似功能的替代工程或影子工程的费用，来替代该环境的生态价值。例如，森林具有涵养水源的功能，这种生态系统服务功能很难直接进行价值量化。于是，可以寻找一个替代工程，如修建一座能储存与森林涵养水源量同样水量的水库，则修建此水库的费用就是该森林涵养水源生态服务功能的价值；一个旅游海湾被污染了，则另建造一个海湾公园来代替它；附近的水源被污染了，需另找一个水源来代替，其污染损失至少是新工程的投资费用；再如，森林的土壤保持功能，算出该地区的总土壤保持量，而后用能拦蓄同等数量泥沙的工程费用来表示该森林土壤保持功能的价值。

其计算公式为

$$V = f(x_1, x_2, \cdots, x_a)$$

式中，V 为需评估的生态系统服务价值；x_1，x_2，$\cdots$，x_a 为替代工程中各项目的建设费用。

影子工程法将难以计算的生态价值转换为可计算的经济价值，简化了生态系统服务的价值估价。鉴于替代工程的非唯一性，每个替代工程的费用又有差异。为了尽可能地减少偏差，可以考虑同时采用几种替代工程，然后选取最符合实际的替代工程或者取各替代工程的平均值进行估算。

5）疾病成本法

疾病成本法又称为人力资本法，是通过对环境污染引起的损失来间接估算生态系统服务的价值。在一些情况下，环境状况的变化会影响人类的健康。以货币衡量的有关的损失主要有：过早的死亡、疾病、医疗费开支的增加、病休造成的收入损失、精神或心理上的代价等。

疾病成本法是以损害函数为基础的。损害函数将污染（暴露）程度与健康影响联系起来。在发展中国家内，很难进行流行病学研究以能够做到测定不同污染物质影响健康的水平，同时，迄今为止，已经做过的流行病学研究在一定程度上也并无定论。除了对发展中国家开发具体的剂量–反应关系之外，可以借用在发达国家研究的结果。然而，当该法在发展中国家使用时，发展中国家的剂量–反应关系可能产生不准确的结果，这主要是污染物物质基准浓度、户外的与室内的污染健康状况都存在差异的结果。因此，剂量–反应函数很可能导致对损害的估计值偏低。

在疾病成本法中，成本是指对于可以防止损害出现的那些行动预测收益的估算结果（下限）。总计的成本包括因患病引起的任何收入损失、医疗费用（如医生出诊费或住院费）、药费及其他有关的检查费用等。

疾病成本损失的计算公式如下：

$$I_c = \sum (L_i + M_i)$$

式中，I_c 为生态环境质量变化所导致的疾病损失成本；L_i 为 i 种疾病患者由于生病不能工作所带来的工资损失；M_i 为 i 种疾病患者的医疗费用。

人力资本损失（V）的计算公式如下：

$$V = \sum \{P_{t+i} \times E_{t+i}\} / (1 + r)j$$

式中，P_{t+i} 为年龄为 t 岁的人活到 $t+i$ 岁的概率；E_{t+i} 为年龄为 $t+i$ 岁时的预期收入；r 为贴现率；j 为损失的工作年限。

6）旅行费用法

旅行费用法（travel cost method，TCM）又称为游憩费用法，起源于如何评价消费者从其所利用的环境中得到的效益（OECD，1996；李金昌，1999）。它是通过往返交通费和门票费、餐饮费、住宿费、设施运作费、摄影费、购买纪念品和土特产的费用、购买或租借设备费及停车费和电话费等旅行费用资料确定某环境服务的消费者剩余，并以此来估算该项环境服务的价值。环境服务同一般的商品不同，它没有明确的价格。消费者在进行环境服务消费时，往往是不需要花钱的，或者只支付少量的入场费，而仅凭入场费很难反映出环境服务的价值。研究表明，尽管环境服务接近免费供应，但是在进行消费时仍然要付出代价，这主要体现在消费环境服务时，要花往返交通费、时间费用及其他有关费用。

旅行费用法是发达国家最流行的游憩价值评价标准方法之一。旅行费用法是在 20 世纪 50 年代和 60 年代提出并完善的，随后遭到一些经济学家的批评，但 80 年代后日益盛行，并广泛用于评价各种野外游憩活动的利用价值。旅行费用法自问世以来其方法也渐趋完善，已发展出三类具体方法，即区域旅行费用法（ZTCM）、个人旅行费用法（ITCM）和随机效用法（RUM）。个人旅行费用法和随机效用法是针对区域旅行费用法存在的问题而设计的，个人旅行费用法较适用于以当地居民为主要游客的旅游地的环境服务的价值评估，区域旅行费用法则宜于以广大范围人口为主要游客的旅游地的环境服务价值评估；随机效用法则常用于评估旅游地环境质量变化引起的价值变化和新增景观的价值。这三种方法的理论基础是相同的，可以说它们是同一理论下的三种表达方式。

区域旅行费用法的计算公式如下：

$$V_r = \sum_{j=1}^{J} N_j \times \mathrm{TC}_j$$

$$\mathrm{TC}_j = T_j \times W_j + C_j$$

$$C_j = C_{\mathrm{tc},j} + C_{\mathrm{lf},j} + C_{\mathrm{ef},j}$$

式中，V_r 为被核算地点的休闲旅游价值（元/a）；N_j 为 j 地到核算地区旅游的总人数（人/a）；$j=1$，2，…，J 为来被核算地点旅游的游客所在区域（区域按离核算地点的距离画同心圆，如省内、省外等）；TC_j 为来自 j 地的游客的平均旅行成本（元/人）；T_j 为来自 j 地的游客在旅途和核算地点旅游花费的平均时间（天/人）；W_j 为来自 j 地的游客的当地平均工资 [元/（人·d）]；C_j 为来自 j 地的游客花费的平均直接旅行费用（元/人），其中包括游客从 j 地到核算区域的交通费用 $C_{\mathrm{tc},j}$（元/人）、食宿花费 $C_{\mathrm{lf},j}$（元/人）和门票费用 $C_{\mathrm{ef},j}$（元/人）。

7）享乐定价法

享乐定价法（又称为特征价格法，hedonic pricing，HP）主要是以个人对于商品或者服务的效用为基础的。在许多情况下，同一件物品包含多种特性，这些物品不是单一的。例如，不同的汽车是不同特性的组合：发动机的效率、驾驶的可靠性、设计的风格，等等。包含不同特性的物品被称为有差异的物品（differentiated good）。一个消费者对物品的满意程度取决于这些特性。因此，享乐定价法是通过分析某种物品的价格差异来反映其部分的价值。享乐定价法即通过分析特征价格函数进而推断人们对某种环境特征的需求函数和愿付价格差异来反映其部分的价值。它的假设前提就是人们不仅考虑商品本身，而且更多地考虑商品及其周围的特性。

享乐定价法根据环境如空气、水等的相关属性，选择具体的评估函数形式，在收集数据的基础上进行回归分析，建立模型，进而评估某项服务功能的价值。

享乐定价法主要运用在房产周边环境因子的价值评估方面。住房有很多特性，单元的大小、位置、质量、四邻状况等。空气质量也被视为房产的一个特性。在住房市场竞争的情况下，若其他条件相同，空气质量较好地区的房价应该比较昂贵。

3.1.2.3 模拟市场法

对没有市场交易和实际市场价格的生态系统产品和服务，通过构建一个虚拟的产品市场，根据这个假想市场的市场价格，估算资源环境价值及其变动的方法，称为模拟市场法。由于缺乏供给和需求曲线，该方法通过综合所有利益相关者个人的 WTP（willingness to pay，支付意愿）和 WTA（willingness to accept，受到损害后的受偿意愿）来衡量产品和服务的价值 W，即

$$W = \text{WTP} - \text{WTA}$$

WTP 或 WTA 是通过问卷或电话或集中询问等方式直接向调查对象进行调查，利用人们的偏好和支付意愿（或受偿意愿）来评价生态系统服务的价值。主要包括条件价值法（CVM）、选择实验法（CE）和群体价值法。

1）条件价值法（CVM）

条件价值法（CVM）也称为调查评价法、支付意愿调查评估法和假设评价法，它是通过对消费者直接调查，了解消费者的支付意愿，

或者了解他们对商品或服务数量选择的愿望来评价生态服务功能的价值（徐中民等，2003）。该方法是模拟市场价值评估技术中最为重要、应用最为广泛的一种方法。一般用于评价生态系统服务的存在价值（或内在价值）。它的核心是直接调查咨询人们对生态系统服务的支付意愿（WTP）并以支付意愿和净支付意愿来表达生态系统服务的经济价值（Boyle and Bishop，1988；Loomis，2003）。CVM 属纯粹的市场调查方法，它从消费者的角度出发，在一系列的假设问题下，通过调查、问卷、投标等方式来获得消费者的 WTP 或 NWTP（净支付意愿，还需要知道消费者的实际支出），综合所有消费者的 WTP 或 NWTP，得到生态系统服务功能的经济价值。CVM 的基本理论依据，是效用价值理论和消费者剩余理论。具体地说，它依据个人需求曲线理论和消费者剩余、补偿变差及等量变差两种希克斯计量方法，运用消费者的支付意愿或者接受赔偿的愿望来度量生态系统服务功能的价值。

20 世纪 80 年代以后，该方法在西方国家得到较为广泛的应用，研究案例和著作日益增多，调查和数据统计方法也迅速发展，已经成为一种评价非市场环境物品与公共资源经济价值最常用和最有用的工具（徐中民等，2003）。CVM 适用于缺乏实际市场和替代市场交换的公共商品的价值评估，能够评价各种环境效益（包括无形效益和有形效益）的经济价值，从各种使用价值、非使用价值（如存在价值和遗产价值）到各种可用语言表达的无形效益。由于社会体制、生活习惯、文化传统等多种因素的影响，CVM 在发展中国家应用的案例不多。

条件价值法的局限性主要表现在假想性和偏差两方面。假想性是指 CVM 确定个人对环境服务的支付意愿是以假想数值为基础，而不是依据数理方法进行估算的；偏差是指 CVM 可能存在以下多种偏差，包括策略偏差、手段偏差、信息偏差、假想偏差、嵌入效应引起的偏差等，在实施和数据处理过程中，应尽量避免或减少上述偏差对评价结果产生大的影响。

2）选择实验法（CE）

选择实验法主要用于确定"复合物品"（由一系列有价值的特征

组成的物品，如自然保护区）的某种特征的质量变化对"复合物品"的价值的影响，是基于随机效用理论的非市场价值评估的解释偏好技术。选择实验法给调查对象提供一系列备选方案，每种备选方案中包含3种或更多种资源利用选项。通常每种备选方案都由一组属性限定。例如，保护区现有稀有物种的数量、到达该地区的便捷程度、区域面积、居民成本等多种属性。这些属性将在各种备选方案中发生变化。然后，被调查者被要求挑选他们最偏好的备选方案。被调查者的 WTP 值从相应的计量模型中获得。这种方法可以用于评估多个地点或多种资源使用的选择。

3）群体价值法

生态经济学在协调生态系统与经济系统的关系上有三个标准观念，即经济效益、生态可持续和社会公平性。从社会公平性角度看，关键问题是生态系统产品和服务价值评价如何包含不同社会群体的公平处理，群体价值法（GV）正是基于此点而逐渐发展起来的。群体价值法源于经济学、社会心理学、决策科学、政治理论，建立在如下假设基础上——"公共商品的价值评价不应该是个体偏好的总和，而应通过一个自由的、公开的辩论过程得到"，基本含义是一些小的利益相关者群体聚集在一起商讨公共商品的经济价值，并且能够将由此得到的价值直接用于指导环境政策，其作用是帮助社会各阶层知晓并表达对选择性生态系统产品和服务的偏好。群体之间所做的并不是协商谈判，而是通过辩论过程作出意见一致的判断。与基于个人偏好的意愿调查法相比，群体价值法更能体现社会公平性。

这些经济学评价方法都有各自的优缺点，而每种服务均有适合它的评价方法，某些服务功能评价可能需要一些评价方法结合使用。

3.2 生态系统生产总值核算指标

核算生态系统生产总值，即分析与评价生态系统为人类生存与福祉提供的最终产品与最终服务的经济价值。通过生态系统生产总值核算，可以评估社会可持续发展水平与生态保护的成效，是生态文明建设的重要指标之一。生态系统生产总值核算指标体系由物质产品、调节服务、文化服务三大项 19 个指标构成，其中：生态系统物质产品价值核算包括农业产品、林业产品、畜牧业产品、渔业产品、水资源、生态能源、其他 7 个指标；生态系统调节服务价值包括水源涵养、土壤保持、防风固沙、洪水调蓄、固碳释氧、空气净化、水质净化、气候调节、病虫害控制、海岸带防护 10 个指标；生态系统文化服务价值包括自然景观的休闲旅游和景观价值 2 个指标（表 3-1，图 3-1）。

表 3-1 生态系统生产总值（GEP）核算指标说明

序号	功能类别	核算项目	说明
1		农业产品	从农业生态系统中获得的初级产品，如水稻、小麦、玉米、谷子、高粱、其他谷物；豆类；薯类；油料；棉花；麻类；糖类；烟叶；茶叶；药材；蔬菜；瓜类；水果等
2		林业产品	林木产品、林下产品及与森林资源相关的初级产品，如木材、橡胶、松脂、生漆、油桐籽、油茶籽等
3		畜牧业产品	用放牧、圈养或者两者结合的方式，饲养禽畜以取得动物产品或役畜，如牛、马、驴、骡、羊、猪、家禽、兔子；奶类；禽蛋；动物皮毛；蜂蜜；蚕茧等
4	物质产品	渔业产品	人类利用水域中生物的物质转化功能，通过捕捞、养殖等方式取得水产品，如鱼类、虾蟹类、贝类、藻类、其他等
5		水资源	可以直接使用的淡水资源，如农业用水、生活用水、工业用水、生态用水
6		生态能源	陆地生态系统的生物物质及其所含的能量，以及存在于海洋、湖泊、河流中的物质能源（水体生态能源），它们是清洁的、对环境无污染的、可再生的能源，如沼气、秸秆、薪柴、水能等
7		其他	作为装饰品的一些产品（如贝壳、动物皮毛）和花卉、苗木等，这些资源的价值通常是根据文化习俗而定的

序号	功能类别	核算项目	说明
8	调节服务	水源涵养	生态系统通过结构和过程拦截滞蓄降水，增强土壤下渗，有效涵养土壤水分和补充地下水、调节河川流量
9		土壤保持	生态系统通过其结构与过程减少雨水的侵蚀能量，减少土壤流失
10		洪水调蓄	湿地生态系统通过蓄积洪峰水量，削减洪峰，减轻洪水威胁产生的生态效应
11		防风固沙	生态系统通过其结构与过程削弱风的强度和挟沙能力，减少土壤流失和风沙危害
12		固碳释氧	植物通过光合作用将 CO_2 转化为碳水化合物，并以有机碳的形式固定在植物体内或土壤中，同时产生 O_2 的功能，有效减缓大气中 CO_2 浓度升高，调节大气中 O_2 含量，减缓温室效应
13		空气净化	生态系统净化、阻滤和分解大气中的污染物，如 SO_2、NO_x、粉尘等，有效净化空气，改善大气环境
14		水质净化	水环境通过一系列物理和生化过程对进入其中的污染物进行吸附、转化及生物吸收等，使水体得到净化的生态效应
15		气候调节	生态系统通过蒸腾作用和水面蒸发过程降低温度、增加湿度的生态效应
16		病虫害控制	生态系统通过提高物种多样性水平增加天敌而降低植食性昆虫的种群数量，达到病虫害控制的生态效应
17		海岸带防护	生态系统减弱海浪冲击，避免或减少海堤或海岸侵蚀的功能
18	文化服务	休闲旅游	人类通过精神感受、知识获取、休闲娱乐和美学体验、疗养等旅游休闲方式，从生态系统获得的非物质惠益
19		景观价值	生态系统为人类提供美学体验、精神愉悦感受，从而提高周边土地、房产价值的功能

核算生态系统生产总值，即分析与评价生态系统为人类生存与福祉提供的最终产品与服务的经济价值。通过生态系统生产总值核算，可以评估社会可持续发展水平与生态保护的成效，是生态文明建设的重要指标之一。生态系统生产总值核算指标体系由物质产品、调节服务、文化服务三大类 19 项功能指标构成，其中，物质产品包括 7 项，调节服务包括 10 项，文化服务包括 2 项（表 3-2）。

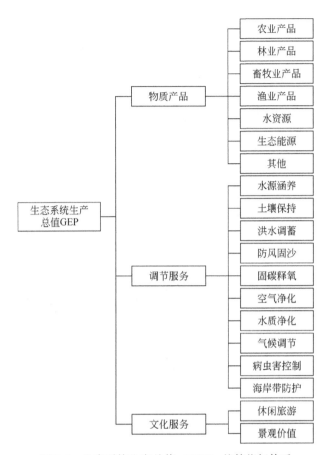

图 3-1　生态系统生产总值（GEP）核算指标体系

表 3-2　生态系统生产总值（GEP）核算指标体系

功能类别	核算科目		功能量指标	价值量指标
物质产品	农业产品	粮食作物	粮食作物产量	粮食作物产值
		油料	油料产量	油料产值
		药材	药材产量	药材产值
		蔬菜	蔬菜产量	蔬菜产值
		瓜类	瓜类产量	瓜类产值
		水果	水果产量	水果产值
		其他农产品	—	—
	林业产品	木材	木材产量	木材产值
		林下产品	林下产品产量	林下产品产值

功能类别	核算科目		功能量指标	价值量指标
物质产品	畜牧业产品	畜禽出栏数	畜禽出栏数	畜禽产值
		牧草	牧草产量	牧草产值
		奶类	奶类产量	奶类产值
		禽蛋	禽蛋产量	禽蛋产值
		动物皮毛	羊毛产量	羊毛产值
		其他畜产品	其他畜产品产量	其他畜产品产值
	渔业产品	淡水产品	淡水产品产量	淡水产品产值
	水资源	水资源	用水量	用水产值
	生态能源	水能、薪材、秸秆、沼气	生态能源量	生态能源产值
	其他	装饰观赏资源等	装饰观赏资源产量	装饰观赏资源产值
调节服务	水源涵养		水源涵养量	蓄水保水价值
	土壤保持		土壤保持量	减少泥沙淤积价值
				减少面源污染价值
	洪水调蓄		湖泊：可调蓄水量	调蓄洪水价值
			水库：防洪库容	
			沼泽：滞水量	
	防风固沙		固沙量	减少土地沙化价值
	固碳释氧		固碳量	固碳价值
			释氧量	释氧价值
	空气净化		吸收二氧化硫量	净化二氧化硫价值
			吸收氮氧化物量	净化氮氧化物价值
			减少工业粉尘量	净化工业粉尘价值
	水质净化		减少总磷排放量	净化总磷价值
			减少总氮排放量	净化总氮价值
			减少 COD 排放量	净化 COD 价值
	气候调节		植被蒸腾消耗能量	植被蒸腾降温增湿价值
			水面蒸发消耗能量	水面蒸发降温增湿价值
	病虫害控制		森林/草地病虫害发生面积	森林/草地病虫害控制价值
	海岸带防护		海岸带防护面积	海岸带防护价值

功能类别	核算科目	功能量指标	价值量指标
文化服务	休闲旅游	自然景观游客总人次	休闲旅游价值
	景观价值	受益土地/房产面积	土地/房产升值

不同类型的生态系统具有不同的结构和功能，其为人类提供不同的服务功能。例如，森林生态系统偏重土壤保持、水源涵养等服务功能；湿地生态系统偏重洪水调蓄、污染物净化等服务功能；草地生态系统偏重畜牧业生产、防风固沙等服务功能；农田生态系统则偏重食物和原材料生产。通过计算森林、灌丛、草地、荒漠、湿地、农田等生态系统的生产总值，如表 3-3 所示，来衡量和展示我国生态系统的状况及其变化。

表3-3 不同生态系统生产总值（GEP）核算指标

功能类别	核算项目	森林	草地	灌丛	湿地	荒漠	农田
物质产品	农业产品	√	√	√	—	—	√
	林业产品	√	—	√	—	—	—
	畜牧业产品	√	√	√	—	—	—
	渔业产品	—	—	—	√	—	—
	水资源	√	√	√	√	—	—
	生态能源	√	—	√	√	—	√
	其他	√	√	√	√	—	√
调节服务	水源涵养	√	√	√	—	√	√
	土壤保持	√	√	√	—	√	√
	洪水调蓄	√	√	√	√	—	—
	防风固沙	√	√	√	—	√	—
	固碳释氧	√	√	√	√	—	√
	空气净化	√	√	√	√	—	√
	水质净化	—	—	—	√	—	√
	气候调节	√	√	√	√	—	—
	病虫害控制	√	√	—	—	—	—
	海岸带防护	—	—	—	√	—	—

功能类别	核算项目	森林	草地	灌丛	湿地	荒漠	农田
文化服务	休闲旅游	√	√	√	√	√	√
	景观价值	√	√	√	√	√	√

3.3 生态系统生产总值核算项目的核算方法与模型

根据生态系统服务功能评估的方法，生态系统生产总值应从生态功能量和生态经济价值量两个角度核算。

生态系统生产总值功能量是指人类从生态系统中直接或间接得到的最终产品量和服务功能量，即根据不同区域、不同生态系统的结构、功能和过程，从生态系统服务功能机制出发，利用适宜的定量方法确定最终产品与服务的物质数量。功能量核算，即统计生态系统在一定时间内提供的各类产品的产量、调节功能量和文化功能量，如生态系统提供的粮食产量、水资源提供量、洪水调蓄量、污染净化量、土壤保持量、固碳量、自然景观吸引的旅游人数等。生态系统生产总值功能量核算包括三大类，即物质服务、调节服务、文化服务。

虽然生态功能量的表达指标直观，可以给人明确具体的印象，但由于计量单位的不同，不同生态系统产品产量和服务量难以加和。因此，仅依靠功能量指标，难以获得一个地区及一个国家在一段时间的生态系统产品与服务产出总量。所以我们还需评估生态系统的经济价值量：借助价格将不同生态系统产品产量与功能量转化为货币单位表示产出，统一了生态功能量单位后，使所有生态产品与生态服务的价值进行汇总加和成为可能，这个汇总的生态功能量即生态系统生产总值。

价格是价值的货币表现，是商品同货币交换比例的指数。由于通货膨胀或通货紧缩的影响，同一时期的价格存在名义价格和实际价格之分，同理，生态系统生产总值也有名义 GEP 和实际 GEP。名义

GEP：不考虑通货膨胀因素的 GEP，即按照当年的价格计算的生态系统产品和服务的经济价值总量。实际 GEP：把以前某年的生态系统产品和服务的价格作为基准，扣除通胀因素后得到的 GEP 就是实际 GEP，也称为不变价 GEP。在生态系统生产总值核算中，核算价值量时，应综合考虑价格的官方权威性、时效性、连续性和完整性，先核算出当年的名义 GEP 后，再进行可比性处理，得到实际 GEP。具体步骤如下：①对于有当年单价的生态系统产品和服务，根据当年价格核算其当年的价值；②对于没有当年单价的生态系统产品和服务，将其在某一时期的价格，通过价格指数折算成当年的名义价格，用名义价格核算这些生态系统产品和服务当年的价值；③汇总所有生态系统产品和服务的价值，得到当年的名义 GEP；④进行年度间比较时，用价格指数将名义 GEP 折算成不变价 GEP。

生态系统生产总值的评估方法有很多，同一种生态系统服务功能也可以采用几种不同的评估方法，使评估结果很大程度上依赖于不同方法的选择。本研究采用国际上比较成熟的方法，对国内不同类型生态系统服务价值进行定价。在生态系统生产总值核算中，物质产品服务是生态系统向人类提供的食物、原材料、药物资源、遗传物质和能源资源等，这些产品和服务通常有真实的市场价格，因此主要使用市场直接定价，核算较为客观。调节服务主要采用市场价值法和替代市场法，部分也可以采用条件价值法。其中提供水源、调节水分通常采用市场直接定价；其他服务，如空气净化、气候调节、干扰调节、保持和形成土壤、水质净化等通常采用市场间接定价，如替代市场法；有时也可以采用条件价值法。文化服务功能更多地使用模拟市场法和替代市场法。

GEP 功能量和价值量核算的核算项目、功能指标和评价方法如表 3-4 所示。

表3-4 生态系统生产总值（GEP）核算指标与核算方法

功能类别	核算科目	功能量		价值量	
		核算指标	核算方法	核算指标	核算方法
物质产品	农业产品	农业产品产量	统计分析	农业产品产值	市场价值法
	林业产品	林业产品产量		林业产品产值	
	畜牧业产品	畜牧业产品产量		畜牧业产品产值	
	渔业产品	渔业产品产量		渔业产品产值	
	水资源	用水量		用水产值	
	生态能源	生态能源量		生态能源产值	
	其他	装饰观赏资源产量		装饰观赏资源产值	
调节服务	水源涵养	水源涵养量	水量平衡法	蓄水保水价值	影子工程法（水库建设成本）
	土壤保持	土壤保持量	修正通用土壤流失方程	减少泥沙淤积价值	替代成本法（清淤成本）
				减少面源污染价值（氮）	替代成本法（环境工程降解成本）
				减少面源污染价值（磷）	
	洪水调蓄	湖泊：可调蓄水量	构建模型法水文监测	调蓄洪水价值	影子工程法（水库建设成本）
		水库：防洪库容			
		沼泽：滞水量			
	防风固沙	固沙量	修正风力侵蚀模型（REWQ）	减少土地沙化价值	恢复成本法（沙地恢复成本）
	固碳释氧	固定二氧化碳量	质量平衡法	固碳价值	替代成本法（造林、制氧成本）
		释放氧气量		释氧价值	
	空气净化	吸收二氧化硫量	植物净化模型	净化二氧化硫价值	替代成本法（污染物治理成本）
		吸收氮氧化物量		净化氮氧化物价值	
		减少工业粉尘量		净化工业粉尘价值	
	水质净化	减少总氮排放量	水质净化模型	净化总氮价值	替代成本法（污染物治理成本）
		减少总磷排放量		净化总磷价值	
		减少 COD 排放量		净化 COD 价值	

功能类别	核算科目	功能量		价值量	
		核算指标	核算方法	核算指标	核算方法
调节服务	气候调节	植被蒸腾消耗能量	蒸散模型	植被蒸腾降温增湿价值	替代成本法（空调/加湿器降温增湿成本）
		水面蒸发消耗能量		水面蒸发降温增湿价值	
	病虫害控制	森林/草地病虫害发生面积	类比法	森林/草地病虫害控制价值	防护费用法（人工防治成本）
	海岸带防护	海岸带防护面积	调查统计	海岸带防护价值	替代成本法
文化服务	休闲旅游	自然景观游客总人次	调查统计	休闲旅游价值	旅行费用法
	景观价值	受益土地/房产面积	调查统计	土地/房产升值	享乐定价法

3.3.1 物质产品

生态系统物质产品功能是指人类从生态系统获取的各种产品，包括食物与纤维、燃料、遗传资源、生化药剂、天然药物和医药用品、装饰资源和淡水等。物质产品功能与人类密切相关，这些产品的短缺会对人类福祉产生直接或间接的不利影响。生态系统物质产品包括农业产品、林业产品、畜牧业产品、渔业产品、水资源、生态能源、其他 7 类，具体指标如表 3-5 所示。

表 3-5   生态系统的物质产品指标

类别	项目	内容	指标
农业产品	粮食作物	谷物	水稻、小麦、玉米、谷子、高粱、其他谷物等
		豆类	大豆、绿豆、红小豆
		薯类	马铃薯

续表

类别	项目	内容	指标
农业产品	油料	油料	花生、油菜籽、向日葵籽、芝麻、胡麻籽
	棉花	棉花	棉花
	麻类	麻类	黄红麻、亚麻、苎麻
	糖类	糖类	甜菜、甘蔗
	烟叶	烟叶	烟叶
	药材	药材	药材
	茶叶	茶叶	红毛茶、绿毛茶
	蔬菜	蔬菜	蔬菜（含菜用瓜）
	瓜类	瓜类	西瓜、甜瓜
	水果	水果	香蕉、苹果、梨、葡萄、柑橘、红枣、柿子、菠萝、其他园林水果等
林业产品	木材	木材	木材
	其他林产品	橡胶	橡胶
		松脂	松脂
		生漆	生漆
		油桐籽	油桐籽
		油茶籽	油茶籽
畜牧业产品	畜禽出栏数	畜禽出栏数	牛、羊、猪、家禽等
	奶类	奶类	牛奶
	禽蛋	禽蛋	禽蛋
	动物皮毛	羊毛	细绵羊毛、半细绵羊毛、羊绒、山羊毛
	其他畜产品	蜂蜜	蜂蜜
		蚕茧	柞蚕茧、桑蚕茧
渔业产品	淡水产品	淡水产品	鱼类、贝类、虾蟹类、其他
	海水产品	海水产品	鱼类、贝类、虾蟹类、藻类、其他
水资源	水资源	用水量	农业用水、生活用水、工业用水、生态用水
生态能源	生态能源	水能	水能发电量
		薪柴	薪柴量
		秸秆	固化产量
		沼气	沼气量
		风能	风能发电量
		太阳能	太阳能发电量

类别	项目	内容	指标
其他	装饰观赏资源等	装饰观赏资源等	花卉、苗木等

1) 物质产品功能量

生态系统在一定时间内提供的各类产品的产量可以通过现有的经济核算体系获得,如农产品生产主要是通过种植和采摘经济作物资源的形式表现,这些实物产品的产量可以通过统计资料获取。

$$E_{\mathrm{m}} = \sum_{i=1}^{n} E_i$$

式中,E_{m} 为物质产品总产量(t);E_i 为第 i 种产品的产量(t);$i=1$,2,3,…,n 为研究区产品种类。

2) 物质产品价值量

由于生态系统提供的产品能够在市场上进行交易,存在相应的市场价格,对交易行为所产生的价值进行估算,从而得到该种产品的价值。运用市场价值法对生态系统的物质产品进行价值评估。

$$V_{\mathrm{m}} = \sum_{i=1}^{n} E_i \times P_i$$

式中,V_{m} 为生态系统物质产品价值(元/a);E_i 为第 i 类生态系统物质产品产量(kg/a);P_i 为第 i 类生态系统物质产品的价格(元/kg)。

生态系统的产品单价,通常可以为产品的收购价、批发价或零售价,为保证价格与资源价值的强关联度,以及数据的权威性,确定如下价格选择原则:①优先考虑农民出售价,其次是批发价,最后是零售价。这是因为,距离生产者越近,价格与资源价值的关联度越强,距离消费者越近,价格与资源价值的关联度越弱。②尽可能选择权威部门公开发布的价格。

3.3.2　水源涵养

水源涵养功能是生态系统通过林冠层、枯落物层、根系和土壤层拦截滞蓄降水，增强土壤下渗、蓄积，从而有效涵养土壤水分、缓和地表径流和补充地下水、调节河川流量的功能。其不仅满足生态系统内部各生态组分对水源的需要，同时持续地向外部提供水源，在众多生态系统服务功能中占有非常关键的地位。

选用水源涵养量，作为生态系统水源涵养功能的评价指标。

1）功能量评估

方法 1：水源涵养量是生态系统为本地区和周边其他地区提供的总水资源量，包括本地区的用水量和净出境水量。由于本地区的用水量在物质产品功能中得到体现，避免重复计算，不包括用水量。

$$Q_{wr} = LQ - EQ$$

式中，Q_{wr} 为水源涵养量（m^3）；EQ 为区域入境水量（m^3）；LQ 为区域出境水量（m^3）。

方法 2：通过水量平衡方程（the water balance equation）计算。水量平衡原理是指在一定的时空内，水分的运动保持着质量守恒，或输入的水量和输出的水量之间的差额等于系统内蓄水的变化量。

$$Q_{wr} = \sum_{i=1}^{n} A_i \times (P_i - R_i - ET_i) \times 10^{-3}$$

式中，Q_{wr} 为水源涵养量（m^3）；A_i 为第 i 类生态系统面积（km^2）；P_i 为产流降雨量（mm）；R_i 为地表径流量（mm）；ET_i 为蒸散发量（mm）；i 为研究区第 i 类生态系统类型，$i=1, 2, 3, \cdots, n$；n 为研究区生态系统类型总数。

2）价值量评估

生态系统的水源涵养价值是指生态系统通过吸收、渗透降水，增加地表有效水的蓄积从而有效涵养土壤水分、缓和地表径流和补充地下水、调节河川流量而产生的生态效应。

水源涵养价值主要表现在蓄水保水的经济价值。运用影子工程法，即模拟建设一座蓄水量与生态系统水源涵养量相当的水库，建设该座水库所需要的费用即可作为生态系统的蓄水保水价值。

$$V_{wr} = Q_{wr} \times C_{we}$$

式中，V_{wr} 为水源涵养价值（元/a）；Q_{wr} 为水源涵养量（m^3/a）；C_{we} 为水库单位库容的工程造价及维护成本（元/m^3）。

3.3.3 土壤保持

土壤保持功能是生态系统（如森林、草地等）通过林冠层、枯落物、根系等各个层次消减雨水的侵蚀能量，增加土壤抗蚀性从而减轻土壤侵蚀，减少土壤流失，保持土壤的功能。土壤保持功能是生态系统服务功能的一个重要方面，它为土壤形成、植被固着、水源涵养等提供了重要基础，同时也为生态安全和系统服务提供了保障。

选用土壤保持量，即通过生态系统减少的土壤侵蚀量（潜在土壤侵蚀量与实际土壤侵蚀量的差值），作为生态系统土壤保持功能的评价指标。其中，实际土壤侵蚀是指当前地表覆盖情形下的土壤侵蚀量，潜在土壤侵蚀则是指没有地表覆盖因素情形下可能发生的土壤侵蚀量。

1）功能量评估

实际土壤侵蚀量：

$$A_{ae} = R \times K \times L \times S \times C$$

潜在土壤侵蚀量：

$$A_{pe} = R \times K \times L \times S$$

土壤保持量：

$$Q_{sr} = A_{pe} - A_{ae} = R \times K \times L \times S \times (1 - C \times P)$$

式中，A_{ae} 为实际土壤侵蚀量（t/a）；A_{pe} 为潜在土壤侵蚀量（t/a）；Q_{sr} 为土壤保持量（t/a）；R 为降雨侵蚀力因子，用多年平均年降雨侵蚀力指数表示；K 为土壤可蚀性因子，表示为标准样方上单位降雨侵蚀力所引起的土壤流失量 $[t \cdot hm^2 \cdot h/(hm^2 \cdot MJ \cdot mm)]$；$L$ 为坡长因子（无量纲）；S 为坡度因子（无量纲）；C 为植被覆盖因子（无量纲）；P 为水土保持措施因子（无量纲）。

2）价值量评估

生态系统土壤保持价值是指通过生态系统减少土壤侵蚀产生的生态效应，包括减少泥沙淤积和减少面源污染两个指标。

减少泥沙淤积：土壤侵蚀使大量的泥沙淤积于水库、河流、湖泊中，造成水库、河流、湖泊淤积，在一定程度上增加了干旱、洪涝灾害发生的机会。如未采取任何水土保持措施，需要人工清淤作业进行消除。根据土壤保持量和淤积量，运用替代成本法，通过采取水库清淤工程所花费的费用计算减少泥沙淤积价值。

减少面源污染：土壤营养物质（主要是 N、P、K）在土壤侵蚀的冲刷下大量流失，进入受纳水体（包括河流、湖泊、水库和海湾等），造成大面积的面源污染，如未采取任何水土保持措施，需要通过环境工程降解受纳水体中过量的营养物质（N、P、K）减少面源污染。根据土壤保持量和土壤中 N、P、K 的含量，运用替代成本法，通过环境工程降解成本计算减少面源污染价值。

价值量评估模型：

$$V_{sr} = V_{sd} + V_{dpd}$$

式中，V_{sr} 为生态系统土壤保持价值（元/a）；V_{sd} 为减少泥沙淤积价值（元/a）；V_{dpd} 为减少面源污染价值（元/a）。

减少泥沙淤积价值：

$$V_{sd} = \lambda \times (Q_{sr}/\rho) \times c$$

式中，V_{sd} 为减少泥沙淤积价值（元/a）；Q_{sr} 为土壤保持量（t/a）；c 为水库清淤工程费用（元/m³）；ρ 为土壤容重（t/m³）；λ 为泥沙淤积系数。

减少面源污染价值：

$$V_{dpd} = \sum_{i=1}^{n} Q_{sr} \times c_i \times p_i$$

式中，V_{dpd}为减少面源污染价值（元/a）；Q_{sr}为土壤保持量（t/a）；c_i为土壤中氮、磷、钾的纯含量（%）；p_i为环境工程降解成本（元/t）。

3.3.4 防风固沙

防风固沙功能是指生态系统通过其结构与过程，降低因风蚀导致的地表土壤裸露，增强地表粗糙程度，减少风沙输沙量，减少土地沙化的功能，是生态系统提供的重要调节功能之一。

在风蚀过程中，植被可通过多种途径对地表土壤形成保护，减少风蚀输沙量。地表植被可以通过根系固定表层土壤，改良土壤结构，减少土壤裸露的机会，进而提高土壤抗风蚀的能力；植被还可以通过增加地表粗糙度、阻截等方式降低起沙风速、降低大风动能，从而消弱风的强度和挟沙能力，减少风力侵蚀和风沙危害。

选用防风固沙量，即通过生态系统减少的风蚀量（潜在风蚀量与实际风蚀量的差值），作为生态系统防风固沙功能的评价指标。

1）功能量评估

防风固沙量：

$$Q_{sf} = 0.1699 \times (WF \times EF \times SCF \times K')^{1.3711} \times (1 - C^{1.3711})$$

式中，Q_{sf}为防风固沙量（t/a）；WF 为气候侵蚀因子（kg/m）；K'为地表糙度因子；EF 为土壤侵蚀因子；SCF 为土壤结皮因子；C 为植被覆盖因子。

2）价值量评估

生态系统防风固沙价值主要体现在减少土地沙化的经济价值。根据防风固沙量和土壤沙化盖沙厚度标准，核算出减少的沙化土地面积；运用替代成本法，根据单位面积沙化土地治理费用（将沙地恢复为有植被覆盖的草地/农田所花费的费用），计算治理这些沙化土壤的成本作为生态系统防风固沙功能的价值。

$$V_{sf} = \frac{Q_{sf}}{\rho \times h} \times c$$

式中，V_{sf} 为减少土地沙化价值（元/a）；Q_{sf} 为防风固沙量（t/a）；ρ 为土壤容重（t/m^3）；h 为土壤沙化覆沙厚度（m）；c 为治沙工程的平均成本或单位植被恢复成本（元/m^2）。

3.3.5 洪水调蓄

洪水调蓄功能是指湿地生态系统（湖泊、水库、沼泽等）具有特殊的水文物理性质，具有强大的蓄水功能。其作为滞洪区和泄洪区，特有的生态结构能够吸纳大量的降水和过境水，蓄积洪峰水量，削减并滞后洪峰，以缓解汛期洪峰造成的威胁和损失。洪水调蓄功能是湿地生态系统提供的最具价值的调节功能之一。

根据降雨量将我国划分为湿润区、亚湿润区、干旱区、亚干旱区和极干旱区。湿润区、亚湿润区年降雨量大于 400mm，是我国洪水多发地带，而干旱区、亚干旱区和极干旱区由于降雨量少，基本没有洪水威胁，故在本研究中仅核算位于湿润区和半湿润区的自然湿地（湖泊和沼泽）的洪水调蓄量。

选用可调蓄水量（植被、湖泊）、防洪库容（水库）和洪水期滞水量（沼泽）表征湿地生态系统的洪水调蓄能力，即湿地调节洪水的潜在能力。

1）功能量评估

$$C_{fm} = C_{vfm} + C_{rfm} + C_{lfm} + C_{mfm}$$

式中，C_{fm} 为洪水调蓄量（m^3/a）；C_{vfm} 为植被洪水调蓄量（m^3/a）；C_{lfm} 为湖泊洪水调蓄量（m^3/a）；C_{rfm} 为水库洪水调蓄量（m^3/a）；C_{mfm} 为沼泽洪水调蓄量（m^3/a）。

植被洪水调蓄量：洪水调蓄量与暴雨降雨量、暴雨地表径流量和植被覆盖类型等因素密切相关。

$$C_{vfm} = \sum_{i=1}^{n} (P_i - R_{fi}) \times A_i \times 1000$$

式中，C_{vfm} 为植被洪水调蓄量（m³/a）；P_i 为暴雨降雨量（mm）；R_{fi} 为第 i 类植被生态系统的暴雨径流量（mm）；A_i 为第 i 类植被生态系统的面积（km²）；i 为核算区第 i 类植被生态系统类型，$i = 1, 2, \cdots, n$；n 为核算区植被生态系统类型数，无量纲。

湖泊洪水调蓄量——方法 1：湖泊洪水调蓄量的大小与当湖泊生态系统结构、过程及流域内的水文条件息息相关，也就是说不同的湖泊即使有相同的容积由于其本身的形态特征的差异性、流域形态特征不同、所属气候区不同，洪水调蓄量也不同，即使是同一个湖泊，在不同的时期，由于湖泊分层的影响，发挥的洪水调蓄功能也不同，根据湖泊水文学过程，通过湖泊入湖、出湖流量随时间变化的变化计算湖泊在某一段时间内洪水调蓄量：

$$C_{lfm} = \int_{t_1}^{t_2} (Q_I - Q_O) \, dt \, (Q_I > Q_O)$$

式中，C_{lfm} 为湖泊 $t_1 - t_2$ 时间段内洪水调蓄量（m³）；Q_I 为入湖流量（m³/s）；Q_O 为出湖流量（m³/s）。

湖泊洪水调蓄能力——方法 2：考虑到不同区域背景条件差异较大，根据《中国湖泊志》，将全国湖泊划分为东部平原、蒙新高原、云贵高原、青藏高原、东北平原与山区 5 个湖区，分区构建湖泊换水次数与补给系数的模型，通过补给系数估算湖泊换水次数（由此得到东部平原湖泊平均换水次数约为 3.19 次/a，其余湖区换水次数很少，均按照 1 次/a 计算）；按照不同湖区，通过湖面面积与湖泊换水次数建立湖泊水量调节能力评价模型。

东部平原区：

$$C_{lfm} = e^{4.924} \times A^{1.128} \times 3.19$$

蒙新高原区：

$$C_{\text{lfm}} = e^{5.653} \times A^{0.680} \times 1$$

云贵高原区：

$$C_{\text{lfm}} = e^{4.904} \times A^{0.927} \times 1$$

青藏高原区：

$$C_{\text{lfm}} = e^{6.636} \times A^{0.678} \times 1$$

东北平原与山区：

$$C_{\text{lfm}} = e^{5.808} \times A^{0.866} \times 1$$

水库洪水调蓄量——方法 1：水库与湖泊有很多相似之处，水库洪水调蓄方式与湖泊类似，其洪水调蓄能力不仅与水库的库容有关，更与不同水库在不同时期的防洪调度方案密切相关，根据水库水文学过程，在实测数据可以支撑的条件下，库塘湿地调蓄洪水的能力，可通过洪水期水库的进出水总量进行计算：

$$C_{\text{rfm}} = C_{\text{I}} - C_{\text{O}}$$

式中，C_{rfm} 为水库 t_1-t_2 时间段内洪水调蓄量（m³）；C_{I} 为洪水期进水总量（m³/s）；C_{O} 为洪水期出水总量（m³/s）。

水库洪水调蓄能力——方法 2：防洪库容是指水库防洪限制水位至防洪高水位间的水库容积，是水库用于蓄滞洪水、发挥其防洪效益的部分。作为水库重要特征值，防洪库容数据往往难以获取，而总库容数据的收集则相对容易。以防洪库容表征水库的洪水调蓄能力，基于已有防洪库容与总库容之间的数量关系建立经验方程，通过水库总库容推测其防洪库容。首先对我国水库的总库容和防洪库容信息进行收集和整理，再根据水库防洪库容与水库泄洪次数构建模型，由此估算水库总防洪库容。

$$C_{\text{rfm}} = 0.35 \times C_t$$

式中，C_{rfm} 为水库总防洪库容（m³/a）；C_t 为水库总库容（m³）。

沼泽洪水调蓄能力：沼泽土壤具有特殊的水文物理性质，草根层和泥炭层孔隙度达 72% ~ 93%，饱和持水量达 830% ~ 1030%，在汛期大量水资源被储存于沼泽湿地土壤中或者以表面水的形式保存在湿地中，湿地就像一个巨大的天然蓄水库容纳水分，直接减少了洪水径流，同时湿地植被可拦截径流减缓洪水流速，因此削减和滞后了洪峰，减低了下游洪峰的水位，并使之缓慢下泄，这样有效地对洪水形成缓冲滞纳作用，度过汛期，进而减少洪灾发生。通过构建沼泽土壤蓄水量和地表滞水量模型计算沼泽湿地洪水调蓄能力：

$$C_{mfm} = C_{sws} + C_{sr}$$

式中，C_{mfm} 为沼泽洪水调蓄能力（m^3）；C_{sws} 为沼泽土壤蓄水能力（m^3）；C_{sr} 为沼泽地表滞水能力（m^3）。

沼泽土壤蓄水：

$$C_{sws} = S \times h \times \rho \times (F-E) \times 10^{-2} / \rho_w$$

式中，C_{sws} 为沼泽土壤蓄水能力（m^3）；S 为沼泽总面积（km^2）；h 为沼泽湿地土壤蓄水深度（m）；ρ 为沼泽湿地土壤容重（g/cm^3）；ρ_w 为水的密度（g/cm^3）；F 为沼泽湿地土壤饱和含水率；E 为沼泽湿地洪水淹没前的自然含水率。

沼泽地表滞水：

$$C_{sr} = S \times H \times 10^{-2}$$

式中，C_{sr} 为沼泽地表滞水能力（m^3/a）；S 为沼泽湿地总面积（km^2）；H 为沼泽湿地地表滞水高度（m）。

2）价值量评估

生态系统的洪水调蓄价值是湿地生态系统（湖泊、水库、沼泽等）通过蓄积洪峰水量，削减洪峰从而减轻河流水系洪水威胁产生的生态效应。

洪水调蓄价值主要体现在减轻洪水威胁的经济价值。湿地生态系统的洪水调蓄功能与水库的作用非常相似，运用影子工程法，通过建设水库的费用成本计算湿地生态系统的洪水调蓄价值。

$$V_{fm} = C_{fm} \times C_{we}$$

式中，V_{fm} 为减轻洪水威胁价值（元/a）；C_{fm} 为生态系统洪水调蓄量（m^3/a）；C_{we} 为水库单位库容的工程造价及维护成本（元/m^3）。

3.3.6 空气净化

空气净化功能是绿色植物在其抗生范围内通过叶片上的气孔和枝条上的皮孔吸收空气中的有害物质，在体内通过氧化还原过程转化为无毒物质；同时能依靠其表面特殊的生理结构（如绒毛、油脂和其他黏性物质），对空气粉尘具有良好的阻滞、过滤和吸附作用，从而能有效净化空气，改善大气环境。

空气净化功能主要体现在净化污染物和阻滞粉尘方面。

1）功能量评估

二氧化硫、氮氧化物、工业粉尘是空气污染物的主要物质，研究选用生态系统净化二氧化硫、氮氧化物、阻滞粉尘等指标核算生态系统净化大气的能力。

空气净化功能——方法 1：如果污染物排放量不超过环境容量（不造成明显的环境问题），则采用污染物排放量估算功能量。

$$Q_{ap} = \sum_{i=1}^{n} Q_i$$

式中，Q_{ap}为大气污染物排放总量（kg/a）；Q_i为第 i 类大气污染物排放量（kg/a）；i 为污染物类别（无量纲）。

空气净化功能——方法 2：如果污染物排放量超过环境容量（造成明显的环境问题），则采用生态系统自净能力估算功能量。

$$Q_{ap} = \sum_{i=1}^{m} \sum_{j=1}^{n} Q_{ij} \times A_i$$

式中，Q_{ap}为生态系统空气净化能力（kg/a）；Q_{ij}为第 i 类生态系统第 j 种大气污染物的单位面积净化量 $[kg/(km^2 \cdot a)]$；i 为生态系统类型（无量纲）；j 为大气污染物类别（无量纲）；A_i为第 i 类生态系统类型面积（km^2）。

2）价值量评估

生态系统空气净化价值是指生态系统通过一系列物理、化学和生物因素的共同作用，吸收、过滤、阻隔和分解降低大气污染物（如二氧化硫、氮氧化物、粉尘等），使大气环境得到改善产生的生态效应。多采用市场价值法、恢复费用法、替代成本法、防护费用法等方法评估其经济价值。

采用替代成本法，通过工业治理大气污染物成本评估生态系统空气净化价值。

$$V_{ap} = \sum_{i=1}^{m} \sum_{j=1}^{n} Q_{ij} \times c_j$$

式中，V_{ap} 为生态系统空气净化价值（元/a）；Q_{ij} 为第 i 类生态系统第 j 种大气污染物的净化量（t/a）；c_j 为第 j 类大气污染物的治理成本（元/t）；i 为生态系统类型（无量纲）；j 为大气污染物类别（无量纲）。

3.3.7 水质净化

水质净化功能是指水环境通过一系列物理和生化过程对进入其中的污染物进行吸附、转化及生物吸收等，使水体生态功能部分或完全恢复至初始状态的能力。

根据我国《地表水环境质量标准》（GB3838—2002）中对水环境质量应控制的项目和限值的规定，选取相应指标作为生态系统水质净化功能的评价指标。

1）功能量评估

水质净化服务价值评估主要是利用监测数据，根据生态系统中污染物构成和浓度变化，选取适当的指标对其进行定量化评估。常用指标包括总氮、总磷、COD 及部分重金属。

水质净化功能——方法 1：如果污染物排放量超过环境容量（造成明显的环境问题），则采用生态系统自净能力估算功能量。

$$Q_{wp} = \sum_{i=1}^{n} Q_i \times A$$

式中，Q_{wp} 为生态系统水质净化能力（kg/a）；Q_i 为第 i 类水质污染物的单位面积净化量 [kg/(km^2·a)]；A 为湿地面积（km^2）；i 为污染物类别（无量纲）。

水质净化功能——方法 2：如果污染物排放量不超过环境容量（Ⅲ类水以下），根据质量平衡模型，核算区域内生态系统对各种污染物的净化量，来评估水质净化功能量。

$$Q_{wp} = \sum_{i=1}^{n} (Q_{ei} + Q_{ai} - Q_{di} - Q_{si})$$

式中，Q_{wp} 为某种（类）污染物净化总量（kg/a）；Q_{ei} 为某种（类）污染物入境总量（kg/a）；Q_{ai} 为区域内某种（类）污染物排放总量（kg/a）；Q_{di} 为某种（类）污染物出境量（kg/a）；Q_{si} 为污水处理厂处理某种（类）污染物的量（kg/a）；i 为污染物类别（无量纲）。

Q_{ai} 主要包括面源污染 [包括农村生活（W_n）、城市生活（W_t）、农业面源污染（W_m）和养殖污染（W_a）及工业生产（W_s）]，各项量化方法见表3-6。

表3-6　区域内污染物进入水体途径及核算公式

入水途径	计算公式	参数含义
面源污染 包括： 农村生活、 城市生活、 农业面源污染 及养殖污染	$W_n = N_n \alpha_1 \beta_1$ $W_t = (N_1 \alpha_2 + \theta_1) \beta_2$ $W_m = M \alpha_3 \beta_3 \gamma_1$ $W_a = W_b + W_s$ $W_b = N_b (\delta_1 \alpha_4 + \delta_2 \alpha_5) t \beta_4$ $W_s =$ 排污系数×养殖增产量×β_5	N_n、N_t：农村人口数、城市人口数 α_1、α_2：农村、城市生活排污系数 β_1：农村生活污染物入河系数（一般取 0.2～0.5） β_2：城市生活污染物入河系数（一般取 0.6～1.0） θ_1：污水处理厂排放的城市生活污染物部分的量 M：耕地面积 α_3：农田排污系数 β_3：农田入河系数（取值为 0.1～0.3）

入水途径	计算公式	参数含义
		γ_1：修正系数，化肥亩施用量在 25kg 以下，取 0.8 ~ 1.0，25 ~ 35kg 取 1.0 ~ 1.2，35kg 以上取 1.2 ~ 1.5
		N_b：畜禽饲养数
		α_4、α_5：畜禽粪、尿中污染物平均含量
		δ_1、δ_2：畜禽个体日产粪、尿量
		t：饲养数量
		β_4：畜禽养殖污染物入河系数取值为 0.1 ~ 0.6
		β_5：水产养殖入河系数，取值为 0.1 ~ 0.6
工业生产	$W_s = (W_k + \theta_2) \beta_6$	W_k：工业污染直接排放量
		θ_2：污水处理厂排放的工业污染物的量
		β_6：工业污染物入河系数，一般取 0.8 ~ 1.0

2）价值量评估

生态系统水质净化价值是指湿地生态系统通过自身的自然生态过程和物质循环作用降低水体中的污染物质浓度，水体得到净化产生的生态效应。如何确定生态系统净化各类污染物的价格，是水质净化功能价值核算的重中之重，目前使用较为广泛的定价方法是影子工程法、支出费用法等。可使用影子工程法，以替代该功能而建设污水处理厂的价格评估湖泊水质净化功能价值，由于各地生产力水平发展不均衡，替代成本法以当地污水处理厂处理某种污染物的单价来表示生态系统水某种污染物净化的价值量更加客观。

采用替代成本法，通过工业治理水体污染物的成本来评估生态系统水质净化功能的价值。

$$V_{wp} = \sum_{i=1}^{n} Q_i \times c_i$$

式中，V_{wp} 为生态系统水质净化价值（元/a）；Q_i 为第 i 类水质污染物的净化量（t/a）；c_i 为第 i 类水质污染物的治理成本（元/t）；i 为污染物类别（无量纲）。

3.3.8 固碳释氧

生态系统的固碳释氧功能是指绿色植物通过光合作用吸收大气中的二氧化碳（CO_2），转化为葡萄糖等碳水化合物，以有机碳的形式固定在植物体内或土壤中，并释放出氧气（O_2）的功能。这种功能对于调节气候、维护和平衡大气中 CO_2 和 O_2 的稳定具有重要意义，能有效减缓大气中二氧化碳浓度升高，减缓温室效应，改善生活环境。生态系统的固碳释氧功能，对于人类社会及全球气候平衡都具有重要意义。

研究选用 CO_2 固定量和释氧量作为生态系统固碳释氧功能的评价指标。

1）功能量评估

（1）固碳功能。

固碳功能——方法1：

$$Q_{CO_2} = \sum_{i=1}^{n} M_{CO_2}/M_C \times A \times C_{Ci} \times (AGB_{t_2} - AGB_{t_1})$$

式中：Q_{CO_2} 为陆地生态系统固碳量（tCO_2/a）；$M_{CO_2}/M_C = 44/12$ 为 C 转化为 CO_2 的系数；A 为生态系统面积（hm^2）；C_{Ci} 为第 i 类生态系统生物量–碳转换系数；i 为生态系统类别，$i = 1, 2, \cdots, n$；n 为生态系统的种类；AGB_{t_2} 为第 t_2 年的生物量（t/hm^2）；AGB_{t_1} 为第 t_1 年的生物量（t/hm^2）。

固碳功能——方法2：

$$Q_{CO_2} = M_{CO_2}/M_C \times (FCS+GSC+WCS+CSC)$$

式中，Q_{CO_2} 为生态系统总固碳量（tCO_2/a）；$M_{CO_2}/M_C = 44/12$ 为 C 转化为 CO_2 的系数；FCS 为森林（及灌丛）固碳量（tC/a）；GSC 为草地固碳量（tC/a）；WCS 为湿地固碳量（tC/a）；CSC 为农田固碳量（tC/a）。

森林（及灌丛）固碳量：

$$FCS = FCSR \times S + FCSR \times S \times \beta$$

式中，FCS 为森林（及灌丛）固碳量（tC/a）；FCSR 为森林（及灌丛）植被固碳速率［tC/(hm² · a)］；S 为森林（及灌丛）面积（hm²）；β 为森林（及灌丛）土壤固碳系数。

草地固碳量：

$$GSC = GSR \times S$$

式中，GSR 为草地土壤的固碳速率［tC/(hm² · a)］；S 为草地面积（hm²）。

农田固碳量：

$$CSC = (BSS + SCSRN + PR \times SCSRS) \times S$$

式中，CSC 为农田固碳量（tC/a）；BSS 为无固碳措施条件下的农田土壤固碳速率［tC/(hm² · a)］；SCSRN 为施用化学氮肥的农田土壤固碳速率［tC/(hm² · a)］；SCSRS 为当地秸秆全部还田的农田土壤固碳速率［tC/(hm² · a)］；PR 为农田秸秆还田推广施行率（%）；S 为农田面积（hm²）。

湿地固碳量：

$$WCS = \Sigma SCSR_n \times WA_n \times 10^{-2}$$

式中，WCS 为湿地固碳量［tC/a］；$SCSR_n$ 为第 n 类湿地的固碳速率［tC/(hm² · a)］；WA_n 为第 n 类湿地的面积（hm²）。

固碳功能——方法 3：

$$Q_{CO_2} = M_{CO_2}/M_C \times NEP$$

式中，Q_{CO_2} 为生态系统固碳量（tCO₂/a）；$M_{CO_2}/M_C = 44/12$ 为 C 转化为 CO_2 的系数；NEP 为净生态系统生产力（tC/a）。

其中，NEP 有两种算法。

a. 由净初级生产力（NPP）减去异氧呼吸消耗得到：

$$NEP = NPP - RS$$

式中，NEP 为净生态系统生产力（tC/a）；NPP 为净初级生产力（tC/a）；RS 为土壤呼吸消耗碳量（tC/a）。

b. 按照各省 NEP 和 NPP 的转换系数，根据 NPP 计算得到 NEP：

$$NEP = \alpha \times NPP \times M_{C_6}/M_{C_6H_{10}O_5}$$

式中，NEP 为净生态系统生产力（tC/a）；α 为 NEP 和 NPP 的转换系数；NPP 为净初级生产力（t 干物质/a）；$M_{C_6}/M_{C_6H_{10}O_5} = 72/162$ 为干物质转化为 C 的系数。

（2）释氧功能。

根据光合作用化学方程式可知，植物每吸收 1mol CO_2，就会释放 1mol O_2，可以据此测算出生态系统释放氧气的质量：

$$Q_{op} = M_{O_2}/M_{CO_2} \times Q_{tCO_2}$$

式中，Q_{op} 为生态系统释氧量（t）；$M_{O_2}/M_{CO_2} = 32/44$ 为 CO_2 转化为 O_2 的系数；Q_{tCO_2} 为生态系统固碳量（tCO₂/a）。

2）价值量评估

生态系统固碳释氧价值是指生态系统通过植被光合作用固定 CO_2 并释放 O_2，实现大气中 CO_2 与 O_2 的稳定产生的生态效应，体现在固碳价值和释氧价值两个方面。

生态系统固碳价值核算常用的方法有碳税法、碳交易价格、造林成本法、工业减排法；其中采用较多的是造林成本法和瑞典的碳税法。释氧价值主要采用工业制氧法、造林成本法来评估。

本研究采用造林成本法和工业制氧成本法评估生态系统固碳释氧的经济价值。

$$V_{co} = V_{cf} + V_{op}$$

式中，V_{co} 为生态系统固碳释氧价值（元/a）；V_{cf} 为生态系统固碳价值（元/a）；V_{op} 为生态系统释氧价值（元/a）。

固碳价值：

$$V_{cf} = Q_{CO_2} \times C_c$$

式中，V_{cf} 为生态系统固碳价值（元/a）；Q_{CO_2} 为生态系统固碳总量（t/a）；C_c 为二氧化碳价格（元/t）。

释氧价值：

$$V_{op} = Q_{op} \times C_o$$

式中，V_{op}为生态系统释氧价值（元/a）；Q_{op}为生态系统释氧量（t/a）；C_o为制氧成本（元/t）。

3.3.9 气候调节

生态系统气候调节功能是指生态系统通过蒸腾作用与光合作用、水面蒸发过程降低气温、减小气温变化范围、增加空气湿度，从而改善人居环境舒适程度的生态效应。

生态系统的水面蒸发和植被蒸腾是气候调节的主要物质基础。

水面蒸发吸收（释放）热量，从而可以减缓环境温度变化；并向空气中释放水汽，增加环境湿度。

生态系统通过植物的光合作用吸收太阳光能，减少光能向热能的转变，从而减缓气温的升高；生态系统通过蒸腾作用，将植物体内的水分以气体形式通过气孔扩散到空气中，使太阳光的热能转化为水分子的动能，消耗热量，降低空气温度，同时散发到空气中的水汽能增加空气的湿度。

选用生态系统降温增湿消耗的能量作为生态系统气候调节功能的评价指标。

1）功能量评估

气候调节功能——方法1：

采用实际测量生态系统内外温差进行功能量转换。

$$Q = \sum_{i=1}^{n} \Delta T_i \times \rho_c \times V$$

式中，Q为吸收的大气热量（J/a）；ρ_c为空气的比热容[J/(m³·℃)]；V为生态系统内空气的体积（m³）；ΔT_i为第i天生态系统内外实测温差（℃）；n为一年内空调开放的总天数。

气候调节功能——方法2：

采用生态系统消耗的太阳能量作为气候调节的功能量。

$$CRQ = ETE - NRE$$

式中，CRQ 为生态系统消耗的太阳能量（J/a）；ETE 为森林、草地、灌丛、湿地等生态系统蒸腾作用消耗的太阳能量（J/a）；NRE 为森林、草地、湿地等生态系统吸收的太阳净辐射能量（J/a）。

气候调节功能——方法3：

采用生态系统蒸腾蒸发总消耗热量作为气候调节的功能量。

$$E_{tt} = E_{pt} + E_{we}$$

式中，E_{tt} 为生态系统蒸腾蒸发消耗的总能量（kW·h）；E_{pt} 为生态系统植被蒸腾消耗的能量（kW·h）；E_{we} 为生态系统水面蒸发消耗的能量（kW·h）。

植被蒸腾：森林、灌丛、草地生态系统植被蒸腾消耗的能量。

$$E_{pt} = \sum_{i}^{3} EPP_i \times S_i \times D \times 10^6 / (3600 \times r)$$

式中，E_{pt} 为生态系统植被蒸腾消耗的能量（kW·h）；EPP_i 为第 i 类生态系统类型单位面积蒸腾消耗热量 $[kJ/(m^2·d)]$；S_i 为第 i 种生态系统类型面积（km^2）；r 为空调能效比，无量纲；D 为空调开放天数（天）；i 为研究区不同生态系统类型（森林、灌丛、草地）。

水面蒸发：水面蒸发降温增湿消耗的能量。

$$E_{we} = E_w \times q \times 10^3 / 3600 + E_w \times y$$

式中，E_{we} 为水面蒸发消耗能量（kW·h）；E_w 为水面蒸发量（m^3）；q 为挥发潜热，即蒸发1g水所需要的热量（J/g）；y 为加湿器将 $1m^3$ 水转化为蒸汽的耗电量（kW·h）。

2）价值量评估

生态系统气候调节价值是植被通过蒸腾作用和水面蒸发过程使大气温度降低、湿度增加产生的生态效应，包括植被蒸腾和水面蒸发两个方面。

植被通过蒸腾作用吸收热量、降低温度、增加湿度，运用替代成本法，采用空调等效降温增湿所需要的耗电量计算植被降温增湿价值。

水面通过蒸发作用吸收热量，增加空气中水汽含量，降低温度，增加湿度，运用替代成本法，采用加湿器等效降温增湿所需要的耗电量计算水面蒸发降温增湿价值。

$$V_{tt} = E_{tt} \times P_e$$

式中，V_{tt} 为生态系统气候调节的价值（元/a）；E_{tt} 为生态系统蒸腾蒸发消耗的总能量（kW·h/a）；P_e 为电价 [元/(kW·h)]。

3.3.10 病虫害控制

大规模单一植物物种的栽培，容易诱发特定害虫的猖獗，而复杂的群落通过提高物种多样性水平增加天敌而降低植食性昆虫的种群数量，达到病虫害控制的目的。避免自然复杂植物群落减少、控制病虫害的能力为生态系统病虫害控制功能。

1）功能量评估

病虫害主要发生在草地和森林，除人工防治外，发生病虫害的区域主要依靠生态系统的病虫害控制而达到自愈。因此可以采用这些自愈的面积作为生态系统病虫害控制功能量。

$$Q_{pc} = S_{fpc} + S_{gpc}$$

式中，Q_{pc} 为生态系统病虫害发生面积（km²）；S_{fpc} 为森林病虫害发生面积（km²）；S_{gpc} 为草地病虫害发生面积（km²）。

2）价值量评估

生态系统病虫害控制价值是生态系统通过提高物种多样性水平增加天敌而降低植食性昆虫的种群数量，达到病虫害控制而产生的生态效应，主要包括森林病虫害控制和草地病虫害控制两个方面的价值。采用替代成本法或防护费用法，以人工防护治理病虫害的费用计算生态系统病虫害控制价值。

森林病虫害控制可以用发生病虫害后自愈的面积和人工防治病虫害的成本来核算其价值。草地病虫害控制价值则可以采用综合防治成本与非综合防治成本之差与草地面积来核算。

$$V_{pc} = V_{fpc} + V_{gpc}$$

式中，V_{pc} 为病虫害控制价值（元/a）；V_{fpc} 为森林病虫害控制价值（元/a）；V_{gpc} 为草地病虫害控制价值（元/a）。

森林病虫害控制价值：

$$V_{fpc} = S_{nf} \times C_{fpc}$$

式中，V_{fpc} 为森林病虫害控制价值（元/a）；S_{nf} 为病虫害自愈的天然林面积（km^2）；C_{fpc} 为单位面积森林病虫害防治费用（元/km^2）。

草地病虫害控制价值：

$$V_{gpc} = S_g \times C_{gpc}$$

式中，V_{gpc} 为草地病虫害控制价值（元/a）；S_g 为病虫害自愈的草地面积（km^2）；C_{gpc} 为单位面积草地病虫害防治费用（元/km^2）。

3.3.11　休闲旅游

人类通过精神感受、知识获取、休闲娱乐和美学体验从生态系统获得的非物质惠益。

1）功能量评估

自然景观是由自然环境、物质和景象构成，具有观赏、游览、休闲、疗养等效用和价值的风景综合体或景物，其承载的价值对社会具有重大的意义。评估以产生美学价值、灵感、教育价值等非物质惠益的自然景观的游憩价值，具有十分重大的意义。

采用区域内自然景观的年旅游总人次作为文化服务的功能量评价指标。

$$N_t = \sum_{i=1}^{n} N_{ti}$$

式中，N_t 为游客总人数；N_{ti} 为第 i 个旅游区的人数；i 为旅游区，$i=1$，2，$\cdots$，n，无量纲；n 为旅游区个数。

2) 价值量评估

运用旅行费用法核算生态系统的休闲旅游价值（use value，UV，即自然景观的使用价值）。

$$V_r = \sum_{j=1}^{J} N_j \times TC_j$$

$$TC_j = T_j \times W_j + C_j$$

$$C_j = C_{tc,j} + C_{lf,j} + C_{ef,j}$$

式中，V_r 为被核算地点的休闲旅游价值（元/a）；N_j 为 j 地到核算地区旅游的总人数（人/a）；$j=1$，2，$\cdots$，J 为来被核算地点旅游的游客所在区域（区域按离核算地点的距离画同心圆，如省内、省外等）；TC_j 为来自 j 地的游客的平均旅行成本（元/人）；T_j 为来自 j 地的游客在旅途和核算地点旅游花费的平均时间（天/人）；W_j 为来自 j 地的游客的当地平均工资 [元/（人·d）]；C_j 为来自 j 地的游客花费的平均直接旅行费用（元/人），其中包括游客从 j 地到核算区域的交通费用 $C_{tc,j}$（元/人）、食宿花费 $C_{lf,j}$（元/人）和门票费用 $C_{ef,j}$（元/人）。

3.3.12 景观价值

生态系统的景观价值是指森林、湖泊、河流、海洋等生态系统可以为其周边的人群提供美学体验、精神愉悦感受的功能，从而提高周边土地、房产价值。

1) 功能量评估

采用能直接从自然生态系统获得景观价值的土地与居住小区房产面积作为景观价值功能量评价指标。

$$A_1 = \sum_{i=1}^{n} A_{1i}$$

式中，A_1为从自然生态系统景观获得升值的土地与居住小区房产总面积（km^2）；A_{1i}为第i区的房产面积（km^2），$i = 1, 2, \cdots, n$。

2）价值量评估

运用享乐定价法核算生态系统为其周边地区人群提供美学体验、精神愉悦功能的价值。

$$V_a = A_a \times P_a$$

式中，V_a为景观价值（元/a）；A_a为受益总面积（km^2）；P_a为由生态系统带来的单位面积溢价［元/（$km^2 \cdot a$）］。

| 4 | 全国生态资产评估

　　全国生态资产主要类型包括森林、灌丛、草地、湿地（河流、湖泊和沼泽等）自然类型生态资产及农田和水库等人工类型生态资产。由于农田生态资产受施肥、灌溉、耕作季节和方式差异的影响，水库受蓄水、泄洪及发电等人类活动影响，自然属性较弱，不确定性较大。同时考虑到人工类型生态资产提供生态系统服务的能力较弱，因此这里只对森林、灌丛、草地和自然类型湿地生态资产进行评价，不评价人工类型生态资产。

　　2015 年，全国生态资产总面积为 562.39 万 km²（未包括香港、澳门、台湾地区数据，下同），其中，森林生态资产面积占比 34.13%（191.98 万 km²），优、良等级质量森林生态资产面积占比分别为 9.02%、18.93%。森林生态资产主要分布在天山、大小兴安岭、长白山、祁连山、太行山、秦岭、藏南、横断山脉及南方丘陵等地区。灌丛生态资产面积占比 12.02%（67.58 万 km²），优、良等级质量灌丛生态资产面积占比分别为 13.29%、9.91%。灌丛生态资产主要分布在天山南麓、祁连山、黄土高原、吕梁山、太行山、秦岭–大巴山、青藏高原东南部、横断山、武陵山、雪峰山等地区。草地生态资产面积占比 47.41%（266.65 万 km²），优、良等级质量草地生态资产面积占比分别为 13.46%、10.29%。草地生态资产主要分布在阿尔泰山、天山山脉、内蒙古高原中东部、阿尔金–祁连山脉、贺兰山、吕梁山、唐古拉山、横断山及武陵山区。湿地生态资产面积占比 6.43%（36.18 万 km²），优、良等级质量湿地生态资产面积占比分别为 3.26%、45.29%，湿地生态资产主要包括十大流域范围内的江河湖泊。

2000~2015 年，全国生态资产总面积增加了 10.61 万 km^2，优、良等级质量生态资产面积明显增多。其中，森林生态资产面积增加 6.54%（11.79 万 km^2），优级面积增加 66.45%，良级面积增加 88.67%；灌丛生态资产面积增加 8.84%（5.49 万 km^2），优、良等级质量灌丛生态资产面积分别增加 28.70% 和 74.22%；草地生态资产面积减少 3.07%（8.46 万 km^2），优级质量草地生态资产面积增加 90.24%；湿地生态资产面积增加 6.43%（1.79 万 km^2），优、良等级质量湿地生态资产面积增加了 14.05%。

4.1 全国生态资产现状

4.1.1 森林生态资产

全国森林生态资产包括常绿阔叶林、落叶阔叶林、常绿针叶林、落叶针叶林、针阔混交林和稀疏林 6 种类型。2015 年，森林生态资产总面积为 191.98 万 km^2，占全国陆地总面积的 19.99%。其中，常绿阔叶林面积为 38.04 万 km^2，占森林总面积的 19.81%；落叶阔叶林面积为 56.37 万 km^2，占森林总面积的 29.36%；常绿针叶林面积为 77.29 万 km^2，占森林总面积的 40.26%；落叶针叶林面积为 11.09 万 km^2，占森林总面积的 5.78%；针阔混交林面积为 8.90 万 km^2，占森林总面积的 4.64%；稀疏林面积为 0.28 万 km^2，占森林总面积的 0.15%（表 4-1）。

全国森林生态资产质量整体状况较差。其中，差级森林生态资产面积为 35.42 万 km^2，劣级森林生态资产面积为 39.47 万 km^2，两者之和占森林生态资产总面积的 39.01%（表 4-1）。

表 4-1　森林生态资产面积和质量状况（2015 年）

生态资产类型	面积合计（万 km²）	质量等级									
		优		良		中		差		劣	
		面积（万 km²）	比例（%）	面积（万 km²）	比例（%）	面积（万 km²）	比例（%）	面积（万 km²）	比例（%）	面积（万 km²）	比例（%）
常绿阔叶林	38.04	1.97	5.17	5.95	15.64	15.21	39.99	8.61	22.62	6.31	16.58
落叶阔叶林	56.37	6.01	10.66	11.88	21.07	15.13	26.84	8.58	15.22	14.78	26.22
常绿针叶林	77.29	7.37	9.54	14.51	18.77	25.57	33.08	14.41	18.64	15.43	19.96
落叶针叶林	11.09	1.20	10.78	2.29	20.6	4.46	40.21	1.93	17.37	1.22	11.04
针阔混交林	8.90	0.77	8.62	1.71	19.22	3.05	34.28	1.88	21.14	1.49	16.76
稀疏林	0.28	0.00	0.91	0.00	1.71	0.01	3.33	0.02	8.4	0.24	85.65
合计	191.98	17.31	9.02	36.34	18.93	63.43	33.04	35.42	18.45	39.47	20.56

从省域来看，优、良等级森林生态资产面积较大的地区有黑龙江、云南、内蒙古、吉林、西藏、四川。西北地区的青海与新疆，森林面积较少，但优、良等级森林生态资产面积比例较高。山东、山西、北京、天津、河北、上海等的森林生态资产质量普遍较低（表 4-2）。

表 4-2　各省（自治区、直辖市）森林生态资产质量状况（2015 年）

省（自治区、直辖市）	优		良		中		差		劣	
	面积	比例	面积	比例	面积	比例	面积	比例	面积	比例
北京	85.6	1.8	498.9	10.7	1 329.0	28.5	1 748.4	37.5	1 000.0	21.5
天津	0.0	0.0	0.9	0.3	15.7	5.6	127.0	45.6	134.8	48.4
河北	138.6	0.4	821.9	2.3	4 899.5	13.6	15 329.0	42.6	14 821.0	41.2
山西	605.1	2.6	1 915.4	8.3	5 522.5	24.0	7 450.1	32.4	7 505.1	32.6
内蒙古	17 346.4	10.9	34 459.9	21.6	52 281.9	32.8	19 910.9	12.5	35 238.6	22.1
辽宁	12 189.4	22.0	12 984.0	23.4	5 657.3	10.2	6 468.7	11.7	18 160.3	32.7
吉林	14 751.8	17.8	29 853.9	36.0	22 552.7	27.2	3 337.2	4.0	12 381.3	14.9
黑龙江	30 661.4	15.5	56 533.9	28.5	68 635.3	34.6	18 615.6	9.4	23 914.1	12.1
上海	0.0	0.0	0.1	0.2	0.9	2.4	4.1	10.7	33.4	86.7
江苏	3.3	0.1	28.5	0.6	215.8	4.6	1 183.3	25.4	3 219.3	69.2
浙江	5 874.6	9.6	14 211.2	23.2	21 157.6	34.5	9 697.0	15.8	10 418.6	17.0

续表

省 （自治区、 直辖市）	优		良		中		差		劣	
	面积	比例	面积	比例	面积	比例	面积	比例	面积	比例
安徽	753.0	2.0	6 655.4	18.0	13 913.2	37.5	7 474.5	20.2	8 278.9	22.3
福建	9 439.0	11.4	20 634.6	24.8	33 281.3	40.1	13 068.7	15.7	6 673.2	8.0
江西	4 172.1	4.2	18 642.8	19.0	40 315.3	41.0	19 415.6	19.8	15 714.8	16.0
山东	17.6	0.1	87.3	0.5	432.6	2.4	2 507.6	13.7	15 322.2	83.4
河南	190.6	0.9	2 926.7	14.5	8 686.3	42.9	5 427.6	26.8	3 001.3	14.8
湖北	1 202.1	1.9	11 393.0	18.4	27 458.2	44.3	9 175.2	14.8	12 805.9	20.6
湖南	1 256.6	1.4	10 998.3	12.4	37 532.1	42.3	23 408.7	26.4	15 556.6	17.5
广东	3 863.9	3.7	12 511.9	11.9	40 256.3	38.2	29 092.2	27.6	19 656.7	18.7
广西	4 387.6	3.5	20 170.1	16.2	53 279.9	42.7	26 587.6	21.3	20 207.4	16.2
海南	430.3	4.7	1 906.3	20.7	4 599.5	49.8	1 460.7	15.8	830.4	9.0
重庆	762.1	2.2	4 569.1	13.4	12 843.8	37.6	6 056.3	17.7	9 906.6	29.0
四川	12 311.1	8.6	22 005.8	15.4	42 813.1	29.9	32 557.1	22.8	33 292.4	23.3
贵州	1 757.7	2.7	10 168.6	15.7	25 441.1	39.3	9 271.7	14.3	18 149.9	28.0
云南	27 134.2	14.8	42 550.3	23.1	51 892.8	28.2	30 470.4	16.6	31 787.0	17.3
西藏	13 023.9	15.4	14 391.1	17.0	22 632.5	26.7	17 875.4	21.1	16 805.6	19.8
陕西	336.4	0.7	3 984.4	7.8	15 346.3	29.9	16 825.5	32.8	14 787.6	28.8
甘肃	591.4	2.9	523.1	2.6	4 746.5	23.6	7 475.8	37.1	6 801.2	33.8
青海	382.0	14.6	138.4	5.3	131.9	5.0	398.8	15.3	1 563.3	59.8
宁夏	0.0	0.0	0.0	0.0	11.1	1.9	180.1	31.6	378.3	66.4
新疆	3 730.2	13.6	2 963.3	10.8	3 615.7	13.1	5 742.9	20.9	11 466.8	41.7

注：面积单位为 km²，比例单位为%。下同

4.1.2 灌丛生态资产

全国灌丛生态资产包括常绿阔叶灌丛、落叶阔叶灌丛、常绿针叶灌丛和稀疏灌丛共4种类型。2015年，灌丛生态资产总面积为67.58万km²，占全国陆地总面积的7.04%。其中，常绿阔叶灌丛面积为16.68万km²，占灌丛总面积的24.68%；落叶阔叶灌丛面积为43.33万km²，占灌

丛总面积的 64.12%；常绿针叶灌丛面积为 0.87 万 km²，占灌丛总面积的 1.29%；稀疏灌丛面积为 6.70 万 km²，占灌丛总面积的 9.91%（表4-3）。

表4-3 灌丛生态资产面积和质量状况（2015 年）

生态资产类型	面积合计（万 km²）	质量等级									
		优		良		中		差		劣	
		面积（万 km²）	比例（%）	面积（万 km²）	比例（%）	面积（万 km²）	比例（%）	面积（万 km²）	比例（%）	面积（万 km²）	比例（%）
常绿阔叶灌丛	16.68	2.12	12.72	2.53	15.15	4.45	26.66	2.44	14.61	5.15	30.86
落叶阔叶灌丛	43.33	6.09	14.05	3.76	8.68	7.33	16.92	7.04	16.26	19.10	44.09
常绿针叶灌丛	0.87	0.34	39.09	0.08	9.17	0.09	10.05	0.08	9.62	0.28	32.07
稀疏灌丛	6.70	0.44	6.52	0.33	4.9	1.59	23.7	1.56	23.29	2.79	41.6
合计	67.58	8.98	13.29	6.70	9.91	13.46	19.91	11.13	16.47	27.32	40.42

全国灌丛生态资产质量整体较差。其中，差级灌丛生态资产面积为 11.13 万 km²，劣级灌丛生态资产面积为 27.32 万 km²，两者之和占灌丛生态资产总面积的 56.89%（表4-3）。

从省域来看，优、良等级灌丛生态资产面积较大的地区有西藏、四川、云南、新疆和青海。东北地区的黑龙江，灌丛面积较少，但优级灌丛生态资产面积比例高。宁夏、内蒙古、山东和天津等地区的森林生态资产质量普遍较低（表4-4）。

表4-4 各省（自治区、直辖市）灌丛生态资产质量状况（2015 年）

省（自治区、直辖市）	优		良		中		差		劣	
	面积	比例	面积	比例	面积	比例	面积	比例	面积	比例
北京	5.3	0.2	49.4	1.4	302.2	8.8	1 454.4	42.4	1 618.3	47.2
天津	0.0	0.0	0.0	0.0	0.4	0.4	18.9	20.1	74.5	79.5
河北	25.9	0.1	178.5	0.7	1 288.1	5.3	6 872.6	28.5	15 746.8	65.3
山西	108.9	0.5	432.5	1.9	1 849.1	8.3	4 152.9	18.5	15 861.8	70.8

省 （自治区、 直辖市）	优		良		中		差		劣	
	面积	比例	面积	比例	面积	比例	面积	比例	面积	比例
内蒙古	118.8	0.4	83.9	0.3	239.0	0.8	1 312.2	4.5	27 098.1	93.9
辽宁	195.3	3.5	321.8	5.8	502.3	9.1	863.7	15.6	3 660.0	66.0
吉林	35.3	2.1	58.6	3.5	161.1	9.6	409.8	24.5	1 010.6	60.3
黑龙江	74.9	9.5	37.1	4.7	93.6	11.9	264.4	33.5	318.4	40.4
江苏	0.5	0.3	5.6	3.2	18.9	10.7	44.6	25.2	107.3	60.6
浙江	105.3	4.1	340.9	13.3	780.4	30.5	689.4	26.9	643.8	25.2
安徽	20.1	1.6	92.9	7.5	250.3	20.1	360.1	28.9	522.7	41.9
福建	185.9	1.7	1 108.0	10.0	4 137.8	37.4	2 589.9	23.4	3 036.4	27.5
江西	79.6	0.9	734.4	8.3	3 372.1	37.9	2 519.9	28.3	2 189.2	24.6
山东	0.1	0.0	0.9	0.2	4.9	1.3	36.7	9.8	332.1	88.7
河南	18.1	0.1	265.2	1.8	2 213.1	15.2	6 088.1	41.9	5 934.6	40.9
湖北	604.6	2.4	3 679.4	14.5	9 018.9	35.5	4 237.9	16.7	7 892.3	31.0
湖南	94.7	0.3	1 522.8	4.0	10 701.9	28.3	14 377.2	38.0	11 171.9	29.5
广东	27.8	0.9	239.7	7.6	751.5	23.9	725.9	23.0	1 404.8	44.6
广西	858.6	2.9	3 130.3	10.7	9 969.9	34.1	7 234.0	24.8	8 023.6	27.5
海南	6.6	1.5	33.3	7.5	110.2	24.9	62.7	14.1	230.5	52.0
重庆	103.4	0.9	1 025.3	9.2	3 174.3	28.6	1 523.1	13.7	5 273.6	47.5
四川	28 155.7	31.9	7 963.2	9.0	16 247.6	18.4	15 237.5	17.2	20 733.4	23.5
贵州	1 549.8	4.9	4 109.8	13.0	8 271.2	26.2	3 681.9	11.7	13 976.9	44.2
云南	7 251.3	14.6	7 640.4	15.3	9 536.0	19.1	5 852.7	11.7	19 542.0	39.2
西藏	29 361.1	34.5	4 603.0	5.4	5 889.4	6.9	8 183.3	9.6	37 141.2	43.6
陕西	329.2	0.7	2 707.7	5.6	10 525.8	21.6	7 370.8	15.2	27 687.8	56.9
甘肃	1 762.6	4.9	1 221.6	3.4	4 617.4	12.8	10 007.9	27.7	18 518.7	51.3
青海	2 848.4	10.9	1 480.5	5.7	3 621.2	13.8	8 493.3	32.5	9 719.9	37.2
宁夏	3.6	0.1	40.2	1.3	56.0	1.8	36.4	1.1	3 055.3	95.7
新疆	5 420.4	7.2	5 305.2	7.0	31 751.8	42.1	5 261.9	7.0	27 686.2	36.7

4.1.3 草地生态资产

全国草地生态资产包括草甸、草原、草丛和稀疏草地 4 种类型。2015 年，全国草地生态资产总面积为 266.65 万 km²，占全国陆地总面积的 27.78%。其中，草甸面积为 41.24 万 km²，占草地总面积的 15.46%；草原面积为 120.05 万 km²，占草地总面积的 45.02%；草丛面积为 11.95 万 km²，占草丛总面积的 4.47%；稀疏草地面积为 93.42 万 km²，占草地总面积的 35.03%（表4-5）。

表4-5 草地生态资产面积和质量状况（2015 年）

生态资产类型	面积合计（万 km²）	质量等级									
		优		良		中		差		劣	
		面积（万 km²）	比例（%）	面积（万 km²）	比例（%）	面积（万 km²）	比例（%）	面积（万 km²）	比例（%）	面积（万 km²）	比例（%）
草甸	41.24	13.66	33.12	7.97	19.32	7.52	18.23	6.66	16.14	5.43	13.18
草原	120.05	12.92	10.76	14.31	11.92	23.71	19.75	33.99	28.31	35.13	29.26
草丛	11.95	8.14	68.16	2.97	24.84	0.76	6.36	0.06	0.54	0.01	0.11
稀疏草地	93.42	1.18	1.27	2.19	2.35	4.96	5.3	21.77	23.3	63.32	67.78
合计	266.65	35.90	13.46	27.44	10.29	36.94	13.85	62.47	23.43	103.90	38.96

全国草地生态资产质量整体较差。其中，差级草地生态资产面积为 62.47 万 km²，劣级草地生态资产面积为 103.90 万 km²，两者之和占草地生态资产总面积的 62.39%（表4-5）。

从省域来看，优、良等级草地生态资产面积较大的地区有青海、四川、内蒙古和西藏。安徽和广东的草地生态资产面积较少，但优级草地生态资产面积比例高。西藏、新疆和宁夏等地区的草地生态资产质量普遍较低（表4-6）。

表 4-6　各省（自治区、直辖市）草地生态资产质量状况（2015 年）

省（自治区、直辖市）	优		良		中		差		劣	
	面积	比例	面积	比例	面积	比例	面积	比例	面积	比例
北京	528.4	67.1	191.9	24.4	57.3	7.3	9.0	1.1	0.4	0.1
天津	18.8	22.1	17.9	21.0	23.4	27.5	17.4	20.5	7.4	8.8
河北	5 735.1	29.7	5 670.4	29.4	5 563.7	28.8	2 278.4	11.8	58.3	0.3
山西	13 410.1	27.8	14 315.9	29.7	15 198.8	31.5	5 268.4	10.9	83.1	0.2
内蒙古	59 476.1	11.4	60 500.5	11.6	97 654.3	18.8	114 843.9	22.1	187 552.3	36.1
辽宁	922.9	52.5	466.1	26.5	315.6	18.0	48.8	2.8	2.8	0.2
吉林	1 182.1	17.0	1 808.7	26.0	2 618.6	37.6	1 295.6	18.6	57.6	0.8
黑龙江	3 008.2	56.1	1 300.7	24.2	775.6	14.5	265.1	4.9	16.5	0.3
上海	0.3	45.5	0.2	27.3	0.2	27.3	0.0	0.0	0.0	0.0
江苏	98.9	36.3	97.5	35.8	62.5	22.9	13.4	4.9	0.1	0.0
浙江	642.1	67.2	204.6	21.4	85.8	9.0	21.2	2.2	2.3	0.2
安徽	130.2	84.8	16.5	10.8	6.0	3.9	0.6	0.4	0.2	0.1
福建	383.1	82.7	61.9	13.4	12.3	2.7	2.3	0.5	3.5	0.8
江西	2 323.6	63.3	1 007.3	27.4	316.1	8.6	20.8	0.6	3.1	0.1
山东	3 537.0	57.8	2 119.1	34.6	401.1	6.6	52.4	0.9	9.5	0.2
河南	2 569.7	58.7	1 492.2	34.1	303.3	6.9	14.1	0.3	1.2	0.0
湖北	1 297.1	77.3	349.8	20.8	28.4	1.7	2.8	0.2	0.6	0.0
湖南	4 310.8	84.0	743.6	14.5	72.9	1.4	3.3	0.1	2.8	0.1
广东	158.1	85.3	22.2	12.0	3.3	1.8	0.4	0.2	1.3	0.7
广西	3 869.4	85.6	587.4	13.0	54.6	1.2	5.4	0.1	4.4	0.1
海南	35.1	54.0	21.9	33.8	5.8	9.0	1.6	2.5	0.5	0.8
重庆	2 657.6	86.2	387.1	12.6	28.6	0.9	5.6	0.2	2.5	0.1
四川	64 767.8	56.3	27 473.8	23.9	15 627.1	13.6	5 831.4	5.1	1 303.2	1.1
贵州	23 921.7	83.5	4 310.8	15.0	394.3	1.4	32.4	0.1	2.6	0.0
云南	23 949.0	50.4	13 601.3	28.6	7 028.5	14.8	2 571.1	5.4	364.2	0.8
西藏	30 433.6	3.6	43 708.4	5.1	70 388.3	8.3	167 143.4	19.6	539 930.2	63.4
陕西	5 986.8	13.1	9 142.8	20.1	16 867.3	37.0	12 739.4	27.9	862.4	1.9
甘肃	25 065.4	21.0	12 784.9	10.7	16 730.6	14.0	34 367.2	28.9	30 133.4	25.3

省 （自治区、 直辖市）	优		良		中		差		劣	
	面积	比例	面积	比例	面积	比例	面积	比例	面积	比例
青海	70 202.1	18.1	53 572.4	13.8	66 331.2	17.1	112 630.8	29.0	85 996.9	22.1
宁夏	452.3	2.0	962.3	4.2	2 544.8	11.2	9 613.4	42.2	9 216.1	40.4
新疆	24 141.3	4.7	27 621.9	5.3	48 872.7	9.4	107 502.9	20.7	310 542.3	59.9

4.1.4 湿地生态资产

2015 年，全国湿地生态资产总面积为 36.18 万 km^2。其中，长江流域、松花江流域和西北诸河流域是全国湿地生态资产的重要组成部分，面积分别为 7.17 万 km^2、9.21 万 km^2 和 8.65 万 km^2（表4-7）。

表4-7　各流域湿地生态资产面积及质量状况（2015 年）

流域	面积（万 km^2）	面积比例（%）				
		优	良	中	差	劣
东南诸河	0.67	4.4	31.1	53.3	8.9	2.3
长江	7.17	3.8	55	30.6	6.2	4.4
黄河	2.35	1.6	30.6	29	21	17.8
珠江	1.55	3.7	74.1	16.7	1.8	3.7
松花江	9.21	0	8.1	57	26.7	8.2
淮河	1.99	0	6.4	47.9	22.3	23.4
海河	1.99	4.7	15.6	21.9	6.2	51.6
辽河	0.78	1.8	30.9	7.3	40	20
西北诸河	8.65	7.8	88.2	0	2	2
西南诸河	1.82	0	72.4	24.1	3.4	0.1
全国	36.18	3.26	45.29	29.37	12.71	9.36

全国湿地生态资产质量状况总体较好，优级和良级面积占比分别为 3.26% 和 45.29%，而差级和劣级湿地生态资产面积占比仅为 12.71% 和 9.36%。其中珠江流域、西北诸河和西南诸河流域湿地质量状况相对较好，优级和良级面积之和分别为 77.8%、96% 和 72.4%。淮河流域、海河流域和辽河流域湿地质量状况相对较差，差级和劣级面积之和分别为 45.7%、57.8% 和 60%（表4-7）。

4.1.5 生态资产指数

2015 年，全国生态资产综合指数为 29.98，其中草地对全国生态资产贡献最大，草地生态资产指数为 13.10；森林贡献次之，森林生态资产指数为 11.09；湿地贡献最小，湿地生态资产指数为 2.42（表4-8）。

表4-8 生态资产综合指数表（2015 年）

指数类别	生态资产类型	指数
生态资产综合指数	总计	29.98
森林生态资产指数	森林小计	11.09
	常绿阔叶林	2.14
	落叶阔叶林	3.23
	常绿针叶林	4.50
	落叶针叶林	0.70
	针阔混交林	0.52
	稀疏林	0.01
灌丛生态资产指数	灌丛小计	3.37
	常绿阔叶灌丛	0.92
	落叶阔叶灌丛	2.10
	常绿针叶灌丛	0.06
	稀疏灌丛	0.30
草地生态资产指数	草地小计	13.10
	草甸	2.95

指数类别	生态资产类型	指数
草地生态资产指数	草原	6.17
	草丛	1.15
	稀疏草地	2.84
湿地生态资产指数	湿地	2.42

4.2 全国生态资产变化

4.2.1 森林生态资产变化

16年间，全国森林生态资产面积比例提高6.54%（11.79万 km²）。其中，常绿阔叶林面积增加9.75%（3.38万 km²）；落叶阔叶林面积增加5.70%（3.04万 km²）；常绿针叶林面积增加7.37%（5.30万 km²）；落叶针叶林面积增加4.67%（0.49万 km²）；针阔混交林面积增加2.64%（0.23万 km²）；稀疏林面积减少69.99%（0.66万 km²）（表4-9）。

表4-9 全国森林生态资产面积变化

类型	面积变化量（km²）	面积变化率（%）
常绿阔叶林	33 787.63	9.75
落叶阔叶林	30 402.38	5.70
常绿针叶林	53 026.94	7.37
落叶针叶林	4 948.938	4.67
针阔混交林	2 288.875	2.64
稀疏林	−6 563	−69.99
合计	117 891.8	6.54

16 年间，全国森林生态资产质量总体得到提高（表 4-10）。优、良等级质量森林生态资产面积提升较大，优级面积增加 66.45%，良级面积增加 88.67%。小兴安岭、长白山、太行山、南岭、横断山脉和西南地区森林生态资产得到明显恢复。大兴安岭地区、喀斯特治理区、云南东南部等地区的森林生态资产质量发生退化。

表 4-10   全国森林生态资产质量等级变化

质量等级	2000 年面积占比（%）	2015 年面积占比（%）	面积占比变化（%）	面积变化率（%）
优	2.98	9.02	6.04	66.45
良	7.36	18.93	11.57	88.67
中	23.23	33.04	9.81	32.44
差	40.76	18.45	−22.31	−45.99
劣	25.66	20.56	−5.1	−19.25

16 年间，绝大多数省（自治区、直辖市）的森林生态资产质量得到改善，其中，辽宁、云南、浙江、福建、黑龙江、内蒙古和吉林等优等级生态资产面积比例增加幅度较大（表 4-11）。

表 4-11   各省（自治区、直辖市）森林生态资产质量变化（2000～2015 年）

省（自治区、直辖市）	优		良		中		差		劣	
	变化面积	比例变化	变化面积	比例变化	变化面积	比例变化	变化面积	比例变化	变化面积	比例变化
北京	58.71	1.33	374.90	8.46	467.43	10.55	−355.26	−8.02	−516.68	−11.66
天津	−0.06	−0.02	0.49	0.17	1.26	0.43	39.05	13.40	−49.94	−17.14
河北	89.80	0.23	873.84	2.21	4 752.04	12.03	4 887.86	12.38	−10 850.34	−27.48
山西	776.41	2.66	1 904.95	6.52	4 442.55	15.21	1 342.98	4.60	−8 496.89	−29.10
内蒙古	8 803.30	5.24	14 642.44	8.71	3 468.49	2.06	−25 965.33	−15.45	−1 010.80	−0.60
辽宁	3 422.24	6.42	4 902.40	9.20	−2 522.08	−4.73	−5 270.19	−9.89	−527.28	−0.99
吉林	4 215.13	5.22	12 558.80	15.57	7 523.35	9.32	−25 431.41	−31.52	1 413.74	1.75

省 (自治区、 直辖市)	优		良		中		差		劣	
	变化 面积	比例 变化	变化 面积	比例 变化	变化 面积	比例 变化	变化 面积	比例 变化	变化 面积	比例 变化
黑龙江	11 768.83	5.73	23 754.70	11.56	15 310.31	7.45	−52 507.76	−25.55	1 917.53	0.93
上海	0.00	0.00	0.00	0.00	0.80	15.80	2.98	58.77	0.43	8.40
江苏	−18.88	−0.68	−49.78	−1.80	−42.09	−1.52	552.24	20.01	600.70	21.76
浙江	3 599.96	5.93	6 105.11	10.06	2 075.05	3.42	−6 795.04	−11.20	−3 586.59	−5.91
安徽	513.59	1.64	3 655.53	11.68	3 671.56	11.74	−2 870.33	−9.17	−4 604.75	−14.72
福建	4 989.96	5.86	10 299.46	12.09	1 600.64	1.88	−14 571.54	−17.10	−2 572.63	−3.02
江西	2 480.65	2.52	10 869.18	11.04	8 881.85	9.02	−17 258.01	−17.53	−6 230.16	−6.33
山东	2.63	0.01	37.60	0.21	251.50	1.41	1 833.83	10.25	−1 922.05	−10.74
河南	119.18	0.34	2 099.29	5.91	4 057.03	11.43	45.20	0.13	−6 334.29	−17.84
湖北	836.83	1.33	7 635.24	12.13	5 361.93	8.52	−11 480.93	−18.24	−2 623.66	−4.17
湖南	843.71	0.97	7 755.43	8.89	14 545.44	16.68	−18 589.80	−21.31	−4 920.98	−5.64
广东	2 048.81	1.84	7 801.35	7.01	13 117.34	11.78	−20 842.03	−18.71	−2 997.18	−2.69
广西	2 758.59	1.90	12 465.58	8.59	17 100.38	11.79	−28 361.48	−19.55	−4 109.16	−2.83
海南	179.60	1.97	940.60	10.30	1 238.75	13.56	−2 100.20	−22.99	−97.65	−1.07
重庆	558.70	1.62	3 295.03	9.54	5 585.65	16.16	−4 914.79	−14.22	−4 657.09	−13.48
四川	5 229.24	3.71	9 679.34	6.87	13 394.20	9.51	−17 610.53	−12.50	−10 956.35	−7.78
贵州	1 222.53	1.95	6 951.38	11.07	8 867.41	14.12	−13 266.74	−21.12	−4 009.58	−6.38
云南	11 286.16	5.94	15 404.88	8.11	6 976.69	3.67	−32 278.70	−16.99	−2 074.53	−1.09
西藏	2 183.43	2.58	3 849.91	4.55	5 433.34	6.42	−6 304.93	−7.44	−5 274.05	−6.23
陕西	259.21	0.44	2 965.96	5.01	7 958.84	13.46	−2 199.96	−3.72	−8 923.95	−15.09
甘肃	−17.20	−0.08	448.51	2.13	2 878.29	13.68	−898.80	−4.27	−2 389.00	−11.36
青海	54.20	1.81	−54.85	−1.83	2.16	0.07	152.86	5.10	−154.38	−5.15
宁夏	0.19	0.03	14.31	2.28	73.85	11.79	−10.15	−1.62	−78.60	−12.54
新疆	836.93	3.10	−395.59	−1.47	−1 115.28	−4.13	−600.98	−2.23	1 929.71	7.15

4.2.2 灌丛生态资产变化

16年间，全国灌丛生态资产面积比例提高8.84%（5.49万 km²）。其中，常绿阔叶灌丛面积增加11.11%（1.67万 km²）；落叶阔叶灌丛面积增加23.04%（8.11 万 km²）；常绿针叶灌丛面积减少0.04%（3.63km²）；稀疏灌丛面积减少39.04%（4.29万 km²）（表4-12）。

表4-12 全国灌丛生态资产面积变化

灌丛生态资产类型	面积变化量（km²）	面积变化率（%）
常绿阔叶灌丛	16 685.75	11.11
落叶阔叶灌丛	81 143.75	23.04
常绿针叶灌丛	−3.63	−0.04
稀疏灌丛	−42 931.00	−39.04
合计	54 894.88	8.84

16年间，全国灌丛生态资产质量总体得到改善。灌丛生态资产质量优级面积增加28.70%（表4-13），生态资产质量良级面积增加74.22%。太行山和四川、贵州灌丛生态资产得到明显恢复，大兴安岭地区、青藏高原南部和东部部分地区的灌丛生态资产质量下降。

表4-13 全国灌丛生态资产质量等级变化

质量等级	2000年面积占比（%）	2015年面积占比（%）	面积占比变化（%）	面积变化率（%）
优	9.93	13.29	3.36	28.70
良	4.42	9.91	5.49	74.22
中	17.19	19.91	2.72	16.51
差	40.76	16.47	−24.29	−15.33
劣	25.66	40.42	14.76	−14.64

16 年间，绝大多数省（自治区、直辖市）的灌丛生态资产质量得到改善，其中，青海、新疆、云南、浙江、甘肃和贵州等优等级生态资产面积比例增加幅度较大（表4-14）。

表4-14　各省（自治区、直辖市）灌丛生态资产质量变化（2000～2015 年）

省（自治区、直辖市）	优		良		中		差		劣	
	变化面积	比例变化	变化面积	比例变化	变化面积	比例变化	变化面积	比例变化	变化面积	比例变化
北京	12.05	0.34	108.74	3.11	311.36	8.91	223.48	6.40	-661.69	-18.94
天津	0.00	0.00	-0.13	-0.13	-0.08	-0.08	15.66	15.93	-20.05	-20.39
河北	38.24	0.18	281.21	1.31	1 380.49	6.44	2 661.74	12.41	-4 529.84	-21.12
山西	182.20	0.54	699.18	2.08	2 455.98	7.30	4 844.53	14.40	-8 250.71	-24.53
内蒙古	216.34	0.78	383.04	1.37	668.23	2.40	180.96	0.65	-1 409.21	-5.06
辽宁	65.28	0.81	189.03	2.35	-62.80	-0.78	-657.40	-8.17	456.48	5.67
吉林	5.81	0.22	20.95	0.78	57.60	2.15	-313.78	-11.74	217.15	8.12
黑龙江	-65.35	-4.00	4.20	0.26	136.39	8.35	72.25	4.42	-128.95	-7.90
江苏	0.18	0.12	2.36	1.56	10.69	7.07	47.14	31.18	9.85	6.52
浙江	105.15	4.43	232.11	9.78	76.80	3.24	-246.35	-10.38	-169.53	-7.14
安徽	26.60	0.52	123.21	2.42	378.45	7.42	-240.86	-4.72	-268.23	-5.26
福建	300.38	2.34	1 015.86	7.93	505.78	3.95	-1 210.51	-9.44	-1 051.99	-8.21
江西	172.35	1.66	998.09	9.63	1 058.05	10.21	-1 453.34	-14.02	-881.13	-8.50
山东	0.23	0.06	2.50	0.64	6.08	1.54	62.66	15.92	-59.56	-15.14
河南	39.01	0.25	470.90	2.97	1 974.61	12.44	1 478.30	9.31	-4 076.23	-25.68
湖北	647.89	2.58	2 897.49	11.53	1 742.10	6.93	-2 513.71	-10.00	-2 868.58	-11.42
湖南	335.85	0.80	2 874.79	6.87	5 632.36	13.45	-4 897.98	-11.70	-4 172.10	-9.97
广东	61.55	2.69	297.84	13.03	283.10	12.39	-150.28	-6.58	22.61	0.99
广西	811.48	1.95	3 143.54	7.54	3 920.48	9.40	-3 577.98	-8.58	-700.36	-1.68
海南	7.24	1.65	25.99	5.92	22.16	5.05	-43.55	-9.92	-10.46	-2.38
重庆	249.05	2.04	1 292.35	10.60	1 761.23	14.44	-1 135.88	-9.32	-2 212.90	-18.15
四川	-434.11	-0.48	1 268.30	1.40	2 420.65	2.67	-7 210.54	-7.96	3 870.96	4.27
贵州	1 125.20	3.63	4 258.43	13.75	3 877.71	12.52	-5 770.03	-18.63	-3 659.14	-11.81

省	优		良		中		差		劣	
（自治区、直辖市）	变化面积	比例变化	变化面积	比例变化	变化面积	比例变化	变化面积	比例变化	变化面积	比例变化
云南	2 275.10	5.43	1 726.36	4.12	1 879.88	4.49	-3 610.25	-8.62	-2 453.90	-5.86
西藏	2 247.84	2.61	-955.28	-1.11	-1 081.31	-1.26	319.55	0.37	-599.38	-0.70
陕西	431.24	1.25	2 816.23	8.19	3 130.73	9.10	-2 061.13	-5.99	-4 240.46	-12.33
甘肃	1 264.21	3.67	69.71	0.20	1 167.61	3.39	-1 978.43	-5.75	-472.93	-1.37
青海	2 236.90	8.55	731.96	2.80	-102.33	-0.39	-4 172.23	-15.95	1 307.96	5.00
宁夏	27.78	0.77	41.04	1.13	100.94	2.78	194.01	5.35	-352.36	-9.71
新疆	7 639.91	6.23	3 523.41	2.87	-14 644.40	-11.93	10 996.71	8.96	-9 485.74	-7.73

4.2.3 草地生态资产变化

16 年间，全国草地生态资产面积下降 3.07%（8.46 万 km²）。其中，草甸面积增加 3.27%（1.31 万 km²）；草原面积减少 1.43%（1.74 万 km²）；草丛面积减少 21.78%（3.33 万 km²）；稀疏草地面积减少 4.79%（4.70 万 km²）（表 4-15）。

表 4-15 全国草地生态资产面积变化

草地生态资产类型	面积变化量（km²）	面积变化率（%）
草甸	13 067.56	3.27
草原	-17 364.81	-1.43
草丛	-33 256.63	-21.78
稀疏草地	-47 002.50	-4.79
合计	-84 556.38	-3.07

16 年间，全国草地生态资产质量得到改善。质量为优等级的草地生态资产面积增加 90.24%，差级和劣级面积分别减少 1.68% 和

23.89%（表4-16），黄土高原地区、三江源地区草地生态资产质量明显改善。质量下降的草地生态资产主要分布在内蒙古中部、青藏高原西部、新疆天山南部等地区。

表4-16　全国草地生态资产质量等级变化

质量等级	2000年面积占比（%）	2015年面积占比（%）	面积占比变化（%）	面积变化率（%）
优	3.72	13.46	9.74	90.24
良	10.73	10.29	-0.44	44.26
中	13.09	13.85	0.76	24.65
差	22.5	23.43	0.93	-1.68
劣	49.95	38.96	-10.99	-23.89

16年间，绝大多数省（自治区、直辖市）的草地生态资产质量得到改善，其中，山东、江苏、河南、贵州、北京和重庆等优等级生态资产面积比例增加幅度较大（表4-17）。

表4-17　各省（自治区、直辖市）草地生态资产质量变化（2000~2015年）

省（自治区、直辖市）	优		良		中		差		劣	
	变化面积	比例变化	变化面积	比例变化	变化面积	比例变化	变化面积	比例变化	变化面积	比例变化
北京	285.98	30.35	-91.40	-9.70	-133.86	-14.21	-58.09	-6.17	-24.23	-2.57
天津	6.30	2.68	-12.61	-5.36	-8.96	-3.81	-9.05	-3.85	-6.18	-2.62
河北	3 771.44	19.25	3 861.93	19.71	960.66	4.90	-7 834.15	-39.99	-513.48	-2.62
山西	9 691.03	15.95	12 636.31	20.80	1 045.49	1.72	-21 127.24	-34.77	-2 557.89	-4.21
内蒙古	36 794.10	6.71	41 296.73	7.53	39 537.59	7.21	-43 007.59	-7.84	-76 924	-14.0
辽宁	395.53	20.41	284.10	14.66	-387.49	-19.99	-465.11	-24.00	-11.43	-0.59
吉林	999.49	15.58	1 732.65	27.01	1 860.95	29.01	-3 767.63	-58.74	-1 204.16	-18.8
黑龙江	2 291.35	12.89	408.94	2.30	-1 036.38	-5.83	-1 654.86	-9.31	-334.15	-1.88
上海	-0.36	-44.62	0.00	0.00	0.03	3.08	-0.10	-12.31	0.00	0.00
江苏	103.55	58.88	100.71	57.26	-25.89	-14.72	-60.51	-34.41	-6.96	-3.96

续表

省 （自治区、 直辖市）	优		良		中		差		劣	
	变化 面积	比例 变化	变化 面积	比例 变化	变化 面积	比例 变化	变化 面积	比例 变化	变化 面积	比例 变化
浙江	-25.63	-1.08	-167.23	-7.04	88.90	3.74	-2.84	-0.12	-1.61	-0.07
安徽	201.14	9.07	-165.74	-7.48	-59.13	-2.67	-79.61	-3.59	-4.56	-0.21
福建	-195.20	-20.07	-31.71	-3.26	-76.69	-7.88	1.46	0.15	2.54	0.26
江西	909.49	24.92	-149.90	-4.11	-574.36	-15.73	-59.31	-1.62	-0.51	-0.01
山东	3 916.16	60.04	1 763.68	27.04	-4 075.49	-62.48	-1 669.06	-25.59	-58.49	-0.90
河南	2 116.10	48.83	1 394.09	32.17	-2 632.55	-60.74	-895.90	-20.67	-18.24	-0.42
湖北	326.05	21.26	-211.21	-13.77	-104.49	-6.81	-8.85	-0.58	-0.50	-0.03
湖南	769.04	17.50	-572.09	-13.02	-137.89	-3.14	-20.14	-0.46	-1.93	-0.04
广东	46.70	17.73	-36.21	-13.75	-29.73	-11.28	1.03	0.39	0.01	0.00
广西	1 324.40	19.99	-997.40	-15.06	-160.96	-2.43	-121.29	-1.83	-230.05	-3.47
海南	4.46	5.63	3.24	4.08	-12.99	-16.38	-2.60	-3.28	-0.11	-0.14
重庆	1 796.83	28.60	-1 647.05	-26.22	-170.83	-2.72	4.03	0.06	2.13	0.03
四川	22 872.10	19.90	-7 105.44	-6.18	-9 794.71	-8.52	-5 172.80	-4.50	-950.05	-0.83
贵州	14 265.05	44.68	-10 337.23	-32.38	-3 658.34	-11.46	-411.66	-1.29	-4.93	-0.02
云南	12 361.38	23.24	-1 548.48	-2.91	-7 064.23	-13.28	-3 038.79	-5.71	-931.59	-1.75
西藏	16 035.46	1.88	14 063.48	1.65	5 519.60	0.65	28 210.31	3.31	-65 082.3	-7.64
陕西	3 791.26	7.70	10 230.93	20.78	20 314.84	41.27	-11 785.78	-23.94	-22 453.3	-45.6
甘肃	11 470.13	9.80	-111.65	-0.10	9 841.78	8.41	3 674.68	3.14	-24 729.8	-21.1
青海	45 180.20	11.73	17 609.35	4.57	3 180.64	0.83	10 570.83	2.74	-76 806.3	-19.9
宁夏	340.34	1.53	826.65	3.72	3 070.96	13.84	9 217.86	41.53	-13 210.6	-59.5
新疆	-21 555	-3.82	1 160.53	0.21	17 772.49	3.15	38 879.48	6.90	-40 024.3	-7.1

4.2.4 湿地生态资产变化

16 年间，全国湿地生态资产面积增加了 17 865.58km²，其中，海河流域和西北诸河流域的湿地面积增加最多，分别增加了 12 861.84km² 和 5064.46km²，而松花江流域湿地面积下降最多，面积减少了 4072.70km²（表 4-18）。全国湿地质量总体趋好，优级和良级湿地面积共增加 14.05%，而差级和劣级湿地面积共减少 78.53%（表 4-18）。

表 4-18　各流域湿地生态资产面积及比例变化（2000~2015 年）

流域	面积（km²）	面积变化率（%）				
		优	良	中	差	劣
东南诸河	32.82	−74.88	−24.14	—	−74.66	−60.82
长江	1 708.38	−20.56	−3.52	133.93	−25.28	−69.55
黄河	239.34	−42.27	390.71	910.28	−15.47	−71.41
珠江	480.71	—	26.00	−3.71	−87.01	−46.21
松花江	−4 072.70	—	158.57	89.54	−23.21	−77.50
淮河	1 826.70	—	−9.66	268.79	34.90	−56.85
海河	12 861.84	—	424.35	930.55	62.09	94.77
辽河	−766.87	—	1 239.80	7.21	89.70	−74.88
西北诸河	5 064.46	—	80.16	−100.00	112.44	
西南诸河	490.89	—	—	−69.94	−70.13	−98.26
全国	17 865.58	−47.25	61.30	33.29	−19.15	−59.38

4.2.5　生态资产指数变化

16 年间，生态资产指数上升显著，生态资产总指数增加 23.83%。其中森林生态资产指数增加 33.59%；灌丛生态资产指数增加 24.91%；草地生态资产指数增加 16.77%；湿地生态资产指数增加 21.44%（表 4-19）。

表 4-19 全国生态资产指数变化

指数类别	生态资产类型	2000 年	2015 年	变化量	变化率（%）
生态资产综合指数	总计	24.21	29.98	5.77	23.83
森林生态资产指数	森林小计	8.30	11.09	2.79	33.59
	常绿阔叶林	1.53	2.14	0.61	40.23
	落叶针叶林	2.44	3.23	0.79	32.43
	常绿针叶林	3.41	4.50	1.09	32.06
	落叶针叶林	0.52	0.70	0.18	35.37
	针阔混交林	0.40	0.52	0.13	31.50
	稀疏林	0.02	0.01	−0.01	−67.10
灌丛生态资产指数	灌丛小计	2.70	3.37	0.67	24.91
	常绿阔叶灌丛	0.69	0.92	0.23	33.47
	落叶阔叶灌丛	1.50	2.10	0.59	39.58
	常绿针叶灌丛	0.05	0.06	0.01	12.03
	稀疏灌丛	0.45	0.30	−0.16	−35.06
草地生态资产指数	草地小计	11.22	13.10	1.88	16.77
	草甸	2.58	2.95	0.37	14.14
	草原	5.01	6.17	1.16	23.07
	草丛	1.18	1.15	−0.03	−2.77
	稀疏草地	2.45	2.84	0.39	16.05
湿地生态资产指数	湿地	1.99	2.42	0.43	21.44

5 全国生态系统生产总值核算

5.1 全国生态系统生产总值核算指标体系

通过全国生态系统生产总值核算，分析与评价生态系统为人类生存与福祉提供的最终产品与服务的经济价值，可以评估全国可持续发展水平与生态保护的成效，是生态文明建设的重要指标之一。根据全国自然环境、生态系统特征，全国生态系统生产总值核算指标体系由物质产品、调节服务、文化服务三大类17项功能指标构成，其中，物质产品包括7项，调节服务包括9项，文化服务包括1项（表5-1）。

表5-1 生态系统生产总值（GEP）核算指标体系

功能类别	核算科目		功能量指标	价值量指标
物质产品	农业产品	粮食作物	粮食作物产量	粮食作物产值
		油料	油料产量	油料产值
		药材	药材产量	药材产值
		蔬菜	蔬菜产量	蔬菜产值
		瓜类	瓜类产量	瓜类产值
		水果	水果产量	水果产值
	林业产品	木材	木材产量	木材产值
		林下产品	林下产品产量	林下产品产值
	畜牧业产品	畜禽出栏数	畜禽出栏数	畜禽产值
		牧草	牧草产量	牧草产值
		奶类	奶类产量	奶类产值

功能类别	核算科目		功能量指标	价值量指标
物质产品	畜牧业产品	禽蛋	禽蛋产量	禽蛋产值
		动物皮毛	羊毛产量	羊毛产值
		其他畜产品	其他畜产品产量	其他畜产品产值
	渔业产品	淡水产品	淡水产品产量	淡水产品产值
	水资源	水资源	用水量	用水产值
	生态能源	水能、薪材、秸秆、沼气	生态能源量	生态能源产值
	其他	装饰观赏资源等	装饰观赏资源产量	装饰观赏资源产值
调节服务	水源涵养		水源涵养量	蓄水保水价值
	土壤保持		土壤保持量	减少泥沙淤积价值
				减少面源污染价值
	防风固沙		固沙量	减少土地沙化价值
	洪水调蓄		湖泊：可调蓄水量	调蓄洪水价值
			水库：防洪库容	
			沼泽：滞水量	
	空气净化		净化二氧化硫量	净化二氧化硫价值
			净化氮氧化物量	净化氮氧化物价值
			减少工业粉尘量	净化工业粉尘价值
	水质净化		减少总氮排放量	净化总氮价值
			减少总磷排放量	净化总磷价值
			减少COD排放量	净化COD价值
	固碳释氧		固碳量	固碳价值
			释氧量	释氧价值
	气候调节		植被蒸腾消耗能量	植被蒸腾降温增湿价值
			水面蒸发消耗能量	水面蒸发降温增湿价值
	病虫害控制		森林/草地病虫害发生面积	森林/草地病虫害控制价值
文化服务	休闲旅游		自然景观游客总人数	休闲旅游价值

5.2 全国生态系统生产总值核算结果

5.2.1 物质产品价值

2015 年，全国生态系统物质产品总价值为 113 664.58 亿元，占 GEP 的 18.13%。其中，农业产品价值为 57 686.33 亿元；林业产品价值为 4436.39 亿元；畜牧业产品价值为 29 780.38 亿元；渔业产品价值为 10 934.61 亿元；水资源价值为 4836.43 亿元；生态能源价值为 5990.45 亿元（表5-2）。

表5-2　2015 年全国生态系统物质产品价值表

指标	类型	内容	产量	价值（亿元）
农业产品	粮食	稻谷、小麦、玉米、豆类、薯类等	62 143.9 万 t	57 686.33
	棉花	棉花	560.3 万 t	
	油料	花生、油菜籽、芝麻等	3 537 万 t	
	麻类	黄红麻等	21.1 万 t	
	糖料	甘蔗、甜菜	12 500 万 t	
	烟叶	烤烟等	283.2 万 t	
	茶叶	茶叶	224.9 万 t	
	蔬菜	蔬菜	78 526.1 万 t	
	瓜果	西瓜、甜瓜	9 895.46 万 t	
	水果	苹果、甜橙、梨、葡萄、香蕉等	17 479.6 万 t	
	小计	—	185 171.6 万 t	
林业产品	木材	木材	7 200 万 m³	4 436.39
	橡胶	橡胶	816 103t	
	松脂	松脂	1 326 292t	
	生漆	生漆	22 806t	
	油桐籽	油桐籽	412 042t	
	油茶籽	油茶籽	2 163 492t	
	小计	—	4 740 735t	

指标	类型	内容	产量	价值（亿元）
畜牧业产品	畜禽出栏数	牛出栏数	5 003.37 万头	29 780.38
		羊出栏数	29 472.7 万只	
		家禽出栏数	1 198 720.6 万只	
	奶类	牛奶、羊奶	3 870.3 万 t	
	羊毛	绵羊毛、山羊粗毛、山羊绒	48.37 万 t	
	禽蛋	禽蛋	2 999.22 万 t	
	其他畜产品（蜂蜜、蚕茧）	其他畜产品（蜂蜜、蚕茧）	47.7 万 t	
	小计	—	6 965.59 万 t	
渔业产品	海水产品	鱼类、虾蟹类、贝类、藻类等	3 409.61 万 t	10 934.61
	淡水产品	鱼类、虾蟹类、贝类等	3 290.04 万 t	
	小计		6 699.65 万 t	
水资源	农业用水	农业用水量	3 851.5 亿 m³	4 836.43
	工业用水	工业用水量	1 334.80 亿 m³	
	生态用水	生态用水量	122.70 亿 m³	
	生活用水	生活用水量	794.2 亿 m³	
	小计	—	6 103.2 亿 m³	
生态能源	水能	发电量	11 302.7 亿 kW·h	5 990.45
	小计	—	11 302.7 亿 kW·h	
其他	装饰观赏资源	装饰资源产值	—	—
总计				113 664.58

5.2.2 调节服务价值

2015 年，全国生态系统调节服务总价值为 461 472.07 亿元，占 GEP 的 73.60%。其中，气候调节价值最高，为 234 181.17 亿元，占 GEP 的 37.35%；其次为水源涵养价值，为 117 997.88 亿元，占总价值的 18.82%；洪水调蓄价值 62 835.3 亿元，占总价值的 10.02%；其余的土壤保持价值、固碳释氧价值、防风固沙价值、空气净化价值、水质净化价值及病虫害控制价值总计为 46 457.72 亿元，仅占总价值的 7.41%（表 5-3）。

表 5-3　2015 年全国生态系统调节服务功能量与经济价值

服务类别	指标	功能量		经济价值（亿元）	
		功能量	单位	价值量	小计
水源涵养	水源涵养量	14 567.64	亿 m³	117 997.88	117 997.88
土壤保持	减少泥沙淤积	355.39	亿 m³	7 719.08	12 256.3
	减少氮面源污染	1.77	亿 t	3 092.80	
	减少磷面源污染	0.52	亿 t	1 444.42	
防风固沙	固沙量	293.34	亿 t	8 276.68	8 276.68
洪水调蓄	湖泊调蓄量	2 878.9	亿 m³	23 319.11	62 835.3
	水库调蓄量	2 011.72	亿 m³	16 294.94	
	沼泽调蓄量	585.67	亿 m³	4 743.9	
	植被调蓄量	2 281.15	亿 m³	18 477.34	
空气净化	净化 SO_2 量	5 769.02	万 t	726.90	11 536.49
	净化氮氧化物量	188.97	万 t	23.81	
	净化工业粉尘量	719 052.16	万 t	10 785.78	
水质净化	净化 COD 量	3 861.44	万 t	540.60	676.79
	净化总氮量	299.32	万 t	52.38	
	净化总磷量	299.32	万 t	83.81	
固碳释氧	固碳量	14.57	亿 t	5 622.57	13 377.10
	释氧量	10.59	亿 t	7 754.53	
气候调节	森林蒸腾降温增湿	189 633.04	亿 kW·h	100 505.51	234 181.17
	灌丛蒸腾降温增湿	25 354.64	亿 kW·h	13 437.96	
	草地蒸腾降温增湿	29 928.34	亿 kW·h	15 862.02	
	水面蒸发降温增湿	196 935.23	亿 kW·h	104 375.67	
病虫害控制	森林病虫害控制	1.07	亿亩	331.91	334.36
	草原病虫害控制	0.69	亿亩	2.45	
小计				461 472.07	461 472.07

1）水源涵养价值

全国生态系统 2015 年水源涵养总量为 14 567.64 亿 m³。

通过水库建造成本计算得出全国生态系统蓄水保水价值为
117 997.88 亿元，占 GEP 的 18.82%。

2）土壤保持价值

全国生态系统 2015 年土壤保持总量为 1990.22 亿 t。泥沙淤积系
数参考文献《中国陆地生态系统服务功能及其生态经济评价》，取值
0.24，结合土壤容重推算得出，全国因生态系统土壤保持功能而减少
的泥沙淤积体积为 355.39 亿 m³。

生态系统土壤保持价值主要表现在减少泥沙淤积和减少面源污
染两个方面。计算得出减少泥沙淤积价值为 7719.08 亿元。计算得
出因土壤保持功能减少氮面源功能量为 1.77 亿 t，减少氮面源污染
价值为 3092.8 亿元；减少磷面源污染功能量为 0.52 亿 t，减少磷面
源污染价值为 1444.42 亿元；因此，减少面源污染总价值为 4537.22
亿元（表 5-4）。

表 5-4　全国生态系统土壤保持功能价值表

类别		功能量	单价	价值量（亿元）	总价值量（亿元）
减少泥沙淤积		355.39 亿 m³	21.72 元/m³	7 719.08	7 719.08
减少面源污染	减少氮面源污染	1.77 亿 t	1 750 元/t	3 092.8	4 537.22
	减少磷面源污染	0.52 亿 t	2 800 元/t	1 444.42	
合计		—	—	—	12 256.3

全国土壤保持功能价值为 12 256.3 亿元，占 GEP 的 1.95%。

3）防风固沙价值

计算得出全国生态系统 2015 年固沙总量为 293.34 亿 t，沙化土壤
厚度取值 0.1m，结合土壤容重，计算得到因为生态系统防风固沙功能
减少了沙化土地面积为 220 711.36km²。

通过治沙工程单位成本计算得出由于生态系统防风固沙功能减少
的土地沙化价值为 8276.68 亿元，占 GEP 的 1.32%。

4）洪水调蓄价值

全国各生态系统（湖泊、水库、沼泽、自然植被）2015年洪水调蓄能力（功能量）为7757.44亿 m³。其中，湖泊调蓄能力最强，为2878.9亿 m³，约占总调蓄能力的37.1%；其次是自然植被，约为2281.15亿 m³，占总调蓄能力的29.4%；水库洪水调蓄能力为2011.72亿 m³，约占25.9%；沼泽调蓄能力为585.67亿 m³，约占7.6%（表5-5）。

表5-5 全国湿地生态系统洪水调蓄功能价值表

湿地类型	洪水调蓄能力		价格	减轻洪水威胁价值	
	功能量（亿 m³）	比例（%）	（元/m³）	价值（亿元）	比例（%）
湖泊	2 878.9	37.1		23 319.11	37.1
水库	2 011.72	25.9	8.10	16 294.94	25.9
沼泽	585.67	7.6		4 743.9	7.6
自然植被	2 281.15	29.4		18 477.34	29.4
合计	7 757.44	100.00	8.10	62 835.3	100.00

洪水调蓄价值主要体现在减轻洪水威胁的经济价值，计算得出洪水调蓄总价值为62 835.3亿元，占GEP的10.02%。其中，湖泊减轻洪水威胁价值最高，为23 319.11亿元，约占洪水调蓄总价值的37.1%；其次是自然植被，约为18 477.34亿元，占洪水调蓄总价值的29.4%；水库减轻洪水威胁的价值为16 294.94亿元，占洪水调蓄总价值的25.9%；沼泽为4743.90亿元，约占洪水调蓄总价值的7.6%（表5-5）。

（1）湖泊洪水调蓄价值。

通过不同湖区由湖泊面积与换水次数构建的湖泊洪水调蓄能力评估模型计算不同湖区湖泊洪水调蓄能力，各湖区湖泊面积、洪水调蓄能力及洪水调蓄价值如表5-6所示，湖泊洪水调蓄能力为2878.9亿 m³，总价值为23 319.11亿元。

表5-6　全国湖泊生态系统洪水调蓄价值

湖区	湖泊面积（km²）	洪水调蓄量（亿 m³）	洪水调蓄价值（亿元）	比例（%）
东部平原区	22 279.06	2 600.36	21 062.90	90.3
蒙新高原区	11 101.60	31.83	257.83	1.1
云贵高原区	1 514.74	5.71	46.27	0.2
青藏高原区	46 726.63	164.10	1 329.21	5.7
东北平原与山区	4 046.26	76.90	622.89	2.7
合计	85 668.29	2 878.9	23 319.11	100.0

（2）水库洪水调蓄价值。

通过计算水库防洪库容计算水库的洪水调蓄能力，根据已经构建的依据水库总库容推测防洪库容的模型计算我国水库的防洪库容，截至2015年年底我国已建成水库97 988座，总库容8580.85亿 m³。由模型计算得出我国水库的防洪库容总量为2011.72亿 m³，洪水调蓄价值为16 294.94亿元（表5-7）。

表5-7　全国水库洪水调蓄价值

库区	防洪库容（亿 m³）	洪水调蓄价值（亿元）	比例（%）
东部平原区	1 486.59	12 041.38	73.9
蒙新高原区	96.2	779.22	4.8
云贵高原区	201.92	1 635.55	10.0
青藏高原区	28.42	230.20	1.4
东北平原与山区	198.59	1 608.58	9.9
合计	2 011.72	16 294.94	100.0

（3）沼泽湿地洪水调蓄价值。

通过单位面积土壤滞水量（$2.47 \times 10^6 \, \text{m}^3/\text{km}^2$）及洪水期平均最大淹没深度（0.3m），结合沼泽面积，计算沼泽土壤蓄水量和地表滞水量。截至2015年我国共有沼泽湿地面积146 114.6km²，由公式计算得出全国沼泽的洪水调蓄量为585.67亿 m³，其中，沼泽土壤蓄水量为147.32亿 m³，沼泽地表滞水量为438.34亿 m³。全国沼泽的洪水调蓄价值为 4743.9 亿元。

（4）自然植被洪水调蓄价值。

根据全国风暴降水图和暴雨径流量，结合森林、灌丛、草地等自然植被的面积，计算全国自然植被的洪水调蓄量。截至 2015 年我国共有森林面积 1 949 658.72km²，灌丛面积 654 133.78km²，草地面积 1 784 147.72km²，由公式计算得出全国森林生态系统的洪水调蓄量为 1841.13 亿 m³，灌丛生态系统的洪水调蓄量为 319.62 亿 m³，草地生态系统的洪水调蓄量为 120.40 亿 m³。全国自然植被洪水调蓄价值为 18 477.34 亿元。

5）空气净化价值

生态系统对人类生产生活排放到大气中的污染物具有一定的净化作用，根据污染物排放特点，选取二氧化硫、氮氧化物和工业粉尘三个代表性污染物，采用替代成本法，通过工业治理大气污染物成本评估生态系统空气净化价值，具体以二氧化硫治理价值、氮氧化物治理价值、工业粉尘治理价值三者之和表征生态系统对大气的净化功能的价值。

2015 年，全国生态系统大气污染物净化量为 72.5 亿 t。其中，全国生态系统净化二氧化硫量为 5769.02 万 t，净化氮氧化物量为 188.97 万 t，滞尘量为 71.91 亿 t（表5-8）。

表5-8　全国生态系统空气净化功能价值表

空气净化功能评价指标	净化量（万 t）	治理成本（元/t）	价值量（亿元）
二氧化硫	5 769.02	1 260	726.90
氮氧化物	188.97	1 260	23.81
工业粉尘	719 052.16	150	10 785.78
合计	725 010.15	—	11 536.49

采用污染物处理成本计算得出全国生态系统空气净化总价值为 11 536.49 亿元，占 GEP 的 1.84%。其中，二氧化硫治理价值为 726.9

亿元；氮氧化物治理价值为 23.81 亿元；工业粉尘治理价值为 10 785.78 亿元。

6）水质净化价值

生态系统对人类生产生活排放到水体中的污染物同样具有一定的净化作用，根据水污染物排放特点，选取 COD、总氮和总磷三个代表性污染物，采用替代成本法，通过工业治理水污染物的成本评估生态系统水质净化价值，具体以 COD 治理价值、总氮治理价值和总磷治理价值三者之和共同综合表征生态系统对水质净化功能的价值。

2015 年，全国水质污染物净化量为 4460.08 万 t。其中，COD 净化量为 3861.44 万 t，总氮净化量为 299.32 万 t，总磷净化量为 299.32 万 t。

计算得出全国生态系统水质净化总价值为 676.79 亿元，占 GEP 的 0.11%。其中 COD 治理价值为 540.6 亿元；总氮治理价值为 52.38 亿元；总磷治理价值为 83.81 亿元（表 5-9）。

表 5-9　全国生态系统水质净化功能价值表

水质净化功能评价指标	净化量（万 t）	治理成本（元/t）	价值量（亿元）
COD	3861.44	1400	540.6
总氮	299.32	1750	52.38
总磷	299.32	2800	83.81
合计	4460.08	—	676.79

7）固碳释氧价值

全国生态系统年固碳总量为 14.57 亿 t，氧气释放量为 10.59 亿 t。固碳价值核算采用造林成本，制氧价格采用工业制氧成本。计算得出全国生态系统固碳释氧总价值为 13 377.10 亿元，占 GEP 的 2.13%。其中，固碳价值为 5622.57 亿元，释氧价值为 7754.53 亿元。

8）气候调节价值

生态系统气候调节价值是植被通过蒸腾作用和水面蒸发过程使大气温度降低、湿度增加产生的经济价值，采用空调或加湿器等效降温增湿所需要的耗电量核算气候调节的价值。

全国森林、灌丛、草地生态系统的面积分别为 194.97 万 km²、65.41 万 km²、178.41 万 km²，计算得出，全国因植被蒸腾吸热总消耗能量为 244 916.02 亿 kW·h，其中，森林蒸腾吸热消耗能量为 189 633.04 亿 kW·h；灌丛蒸腾吸热消耗能量为 25 354.64 亿 kW·h；草地蒸腾吸热消耗能量为 29 928.34 亿 kW·h。

全国天然水体（沼泽、湖泊、河流）的总面积为 349 673.37km²，1g 的水气化需要消耗 2443.90J 的热量，计算得出，全国水面蒸发消耗能量为 196 935.23 亿 kW·h。

采用电价计算得出气候调节总价值为 234 181.17 亿元，占 GEP 的 37.35%（表 5-10）。

表 5-10　全国生态系统气候调节功能价值表

气候调节功能	吸收热量（亿 kW·h）	价格［元/（kW·h）］	价值量（亿元）
森林降温增湿	189 633.04	0.53	100 505.51
灌丛降温增湿	25 354.64	0.53	13 437.96
草地降温增湿	29 928.34	0.53	15 862.02
水面降温增湿	196 935.23	0.53	104 375.67
合计		—	234 181.17

9）病虫害控制价值

根据林业系统调查结果，全国天然林面积为 20.75 亿亩，其中病虫害得到自然控制的面积约为 1.07 亿亩，以人工林病虫害防治成本为 300 元/亩计，计算得出森林病虫害控制价值为 331.91 亿元；全国草原面积为 58.92 亿亩，其中病虫害得到自然控制的面积约为 0.69 亿亩，以内蒙古草原病虫害防治成本 3 元/亩计，计算得出，草原病虫害控制价值为 2.45 亿元。全国森林草地的病虫害防治价值约为 334.36 亿元，占 GEP 的 0.1%。

5.2.3 文化服务价值

生态系统文化服务价值主要体现在自然景观的休闲旅游价值。按照自然景观功能定位、主导吸引力属性分类，将自然景观划分为风景名胜区、地质公园、自然保护区、森林公园和湿地公园 5 类，同时参考《旅游区（点）质量等级的划分与评定》标准，将 5 类景观分为世界级、国家级、区域级、地方级 4 级，对全国的自然景观归类（表5-11）。

表5-11 全国自然景观分类表

级别	风景名胜区	地质公园	自然保护区	森林公园	湿地公园	总计
世界级	23	1	7	—	1	32
国家级	57	14	30	25	—	126
区域级	449	114	263	—	—	826
地方级	857	—	2097	505	34	3493
总计	1386	129	2397	530	35	4477

2015 年，全国旅游总人数为 40 亿人次，总收入为 34 195 亿元。

2015 年，全国生态系统文化服务价值为 51 838.68 亿元，占 GEP 的 8.27%。

5.3 全国生态系统生产总值及其构成

2015 年，全国生态系统生产总值为 626 975.33 亿元，是当年 GDP 的 0.87 倍。其中，生态系统物质产品总价值为 113 664.58 亿元，占全国生态系统生产总值的 18.13%；全国的生态系统调节服务总价值为 461 472.07 亿元，占全国生态系统生产总值的 73.6%；生态系统文化服务总价值为 51 838.68 亿元，占全国生态系统生产总值的 8.27%（表5-12，表5-13，图5-1）。

表 5-12　全国生态系统生产总值（GEP）

功能类别	核算科目		价值量（亿元）	合计价值（亿元）	比例（%）
物质产品	物质产品	农业产品	57 686.33	113 664.58	18.13
		林业产品	4 436.39		
		畜牧业产品	29 780.37		
		渔业产品	10 934.61		
		生态能源	5 990.45		
		水资源	4 836.43		
		其他	0.00		
调节功能	水源涵养	水源涵养	117 997.88	117 997.88	18.82
	土壤保持	减少泥沙淤积	7 719.08	12 256.3	1.95
		减少面源污染－氮	3 092.80		
		减少面源污染－磷	1 444.42		
	防风固沙	防风固沙	8 276.68	8 276.68	1.32
	洪水调蓄	湖泊调蓄	23 319.11	62 835.3	10.02
		水库调蓄	16 294.94		
		沼泽调蓄	4 743.9		
		植被调蓄	18 477.34		
	空气净化	净化二氧化硫	726.90	11 536.49	1.84
		净化氮氧化物	23.81		
		净化工业粉尘	10 785.78		
	水质净化	净化 COD	540.60	676.79	0.11
		净化总氮	52.38		
		净化总磷	83.81		
	固碳释氧	固碳	5 622.57	13 377.10	2.13
		释氧	7 754.53		
	气候调节	森林降温增湿	100 505.51	234 181.17	37.35
		灌丛降温增湿	13 437.96		
		草地降温增湿	15 862.02		
		水面降温增湿	104 375.67		
	病虫害控制	森林病虫害控制	331.91	334.36	0.05
		草原病虫害控制	2.45		
文化服务	休闲旅游	休闲旅游价值	51 838.68	51 838.68	8.27
合计			626 975.33	626 975.33	100.00

表 5-13　2015 年全国生态系统生产总值（GEP）核算总表

功能类别	核算科目		功能量	单位	单价	价值量（亿元）	比例（%）	小计（亿元）	比例（%）	总计（亿元）	比例（%）
物质产品	物质产品	农业产品	185 171.6	万 t	—	57 686.33	9.20	113 664.58	18.13	113 664.58	18.13
		林业产品	—	—	—	4 436.39	0.71				
		畜牧业产品	—	—	—	29 780.38	4.75				
		渔业产品	6 699.65	万 t	—	10 934.61	1.74				
		生态能源	11 302.7	亿 kW·h	—	5 990.45	0.96				
		水资源	6 103.2	亿 m³	—	4 836.43	0.77				
		其他	0.00	—	—	0.00	0.00				
调节功能	水源涵养	水源涵养量	14 567.64	亿 m³	8.10 元/m³	117 997.88	18.82	117 997.88	18.82	461 472.07	73.60
	土壤保持	减少泥沙淤积	355.39	亿 m³	21.72 元/m³	7 719.08	1.23	12 256.30	1.95		
		减少面源污染－氮	1.77	亿 t	1 750 元/t	3 092.80	0.49				
		减少面源污染－磷	0.52	亿 t	2 800 元/t	1 444.42	0.23				
	防风固沙	防风固沙	293.34	亿 t	3.75 元/m²	8 276.68	1.32	8 276.68	1.32		
	洪水调蓄	湖泊调蓄量	2 878.9	亿 m³	8.10 元/m³	23 319.11	3.72	62 835.3	10.02		
		水库调蓄量	2 011.72	亿 m³	8.10 元/m³	16 294.94	2.60				
		沼泽调蓄量	585.67	亿 m³	8.10 元/m³	4 743.9	0.76				
		植被调蓄量	2 281.15	亿 m³	8.10 元/m³	18 477.34	2.95				
	空气净化	净化二氧化硫	5 769.02	万 t	1 260 元/t	726.90	0.12	11 536.49	1.84		
		净化氮氧化物	188.97	万 t	1 260 元/t	23.81	0.00				
		净化工业粉尘	719 052.16	万 t	150 元/t	10 785.78	1.72				

续表

功能类别		核算科目	功能量	单位	单价	价值量（亿元）	比例（%）	小计（亿元）	比例（%）	总计（亿元）	比例（%）
调节功能	水质净化	净化COD	3 861.44	万t	1 400 元/t	540.60	0.09				
		净化总氮	299.32	万t	1 750 元/t	52.38	0.01	676.79	0.11		
		净化总磷	299.32	万t	2 800 元/t	83.81	0.01				
	固碳释氧	固碳	14.57	亿t	386 元/t	5 622.57	0.90	13 377.10	2.13		
		释氧	10.59	亿t	732 元/t	7 754.53	1.24				
	气候调节	森林蒸腾降温增湿	189 633.04	亿kW·h	0.53 元/(kW·h)	100 505.51	16.03				
		灌丛蒸腾降温增湿	25 354.64	亿kW·h	0.53 元/(kW·h)	13 437.96	2.14	234 181.17	37.35		
		草地蒸腾降温增湿	29 928.34	亿kW·h	0.53 元/(kW·h)	15 862.02	2.53				
		水面蒸发降温增湿	196 935.23	亿kW·h	0.53 元/(kW·h)	104 375.67	16.65				
	病虫害控制	森林病虫害控制	1.07	亿亩	310.29 元/亩	331.91	0.05	334.36	0.05		
		草地病虫害控制	0.69	亿亩	3.53 元/亩	2.45	0.00				
文化功能	自然景观	休闲旅游价值	40	亿人次	—	51 838.68	8.27	51 838.68	8.27	51 838.68	8.27
合计						626 975.33	100	626 975.33	100	626 975.33	100

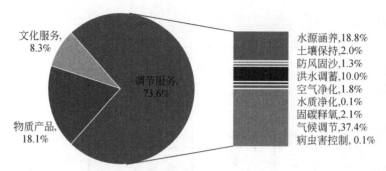

图 5-1 全国生态系统生产总值（GEP）构成

5.4 全国生态系统生产总值变化（2000～2015 年）

2000～2015 年，我国生态系统生产总值（GEP）从 2000 年的 415 015. 25 亿元增加到 2015 年的 626 975. 33 亿元，剔除物价因素，共增加 143 624. 84 亿元，实际增长率为 29. 71%（基于 2015 年不变价，以下内容中的变化量和变化率均为实际变化）。而同期 GDP 则从 2000 年的 100 280. 1 亿元增加到 2015 年的 689 052. 10 亿元，实际增幅为 384. 7%。

单位面积 GEP 从 2000 年的 510. 01 万元/km² 增加到 2015 年的 661. 56 万元/km²，增加了 151. 55 万元/km²。人均 GEP 从 2000 年的 38 136. 27 元增加到 2015 年的 45 610. 81 元，增幅为 19. 60%。

2000～2015 年，物质产品价值、调节服务价值、文化服务价值均呈不同程度增加。增幅最大的是文化服务价值，其次是物质产品价值。

1）物质产品功能价值

2000～2015 年，物质产品价值提高了 71 297. 39 亿元，增幅为 168. 28%。其中，农业产品价值提高了 38 020. 48 亿元，林业产品、畜牧业产品、渔业产品、生态能源分别提高了 3109. 03 亿元、19 300. 28 亿元、7089. 33 亿元、4319. 46 亿元，水资源降低了 541. 20 亿元。

从价值量变化幅度来看，生态能源价值增幅最大，增幅为 258. 5%；林业产品次之，增幅为 234. 2%；农业产品价值增幅为 193. 3%；渔业产品和畜牧业产品价值增幅分别为184.4%和184.2%；水资源价值下降了10.1%。

2）调节服务功能价值

2000～2015年，调节服务价值提高了26 390.21亿元，增幅6.07%。调节服务的9个单项服务功能均呈增长趋势。

从单项服务的功能量变化量来看，水源涵养功能量增加682.32亿m³，增幅为4.9%；土壤保持功能量增加23.73亿t，增幅为1.2%；防风固沙功能量增加20.54亿t，增幅为7.6%；洪水调蓄功能量增加1737.74亿m³，增幅为28.9%；空气净化功能量增加7021.92万t，增幅为1%；水质净化功能量增加27.46万t，增幅为0.6%；固碳功能量增加3.25亿t，增幅为28.7%；释氧功能量增加2.36亿t，增幅为28.7%；气候调节功能量增加5531.77亿kW·h，增幅为1.3%；病虫害控制功能量增加0.16亿亩，增幅为9%。

从单项服务的价值变化量来看，洪水调蓄价值增量最大，为14 075.65亿元；其次是水源涵养，价值增量为5526.79亿元；固碳释氧和气候调节的价值增量为2983.15亿元和2931.84亿元；防风固沙、土壤保持、空气净化、病虫害控制、水质净化的价值量变化相对较小，分别为583.66亿元、145.35亿元、111.94亿元、27.67亿元和4.17亿元。

从单项服务的价值变化幅度来看，洪水调蓄和固碳释氧价值增幅较大，分别为28.9%和28.7%；病虫害控制、防风固沙、水源涵养、气候调节、土壤保持、空气净化和水质净化的增幅分别为9%、7.6%、4.9%、1.3%、1.2%、1%和0.6%。

3）文化服务功能价值

2000～2015年，全国自然景观的旅游人数从2000年的7.44亿人次增加到2015年40亿人次，共增加32.56亿人次，增幅为437.6%。

根据核算，2000～2015年，全国生态文化服务价值从2000年的4163.23亿元增加到2015年的51 838.68亿元，增幅为778.41%（表5-14和表5-15）。

表5-14 全国生态系统生产总值（GEP）功能量变化（2000～2015年）

功能类别	核算科目	功能量			单位	2000～2015年变化	
		2015年	2010年	2000年		变化量	变化幅度（%）
物质产品	农业产品	185 171.56	157 462.89	108 319.01	万t	76 852.55	70.9
	林业产品	7 674.07	8 425.25	4 955.33	—	2 718.74	54.9
	畜牧业产品	1 240 162.26	1 139 110.5	852 384.89	—	387 777.37	45.5
	渔业产品	6 699.65	5 373	3 706.23	万t	2 993.42	80.8
	生态能源	11 302.7	7 221.7	2 224.1	亿kW·h	9 078.60	408.2
	水资源	6 103.2	6 022.04	5 497.5	亿m³	605.70	11
	其他	0.00	0.00	0.00			
水源涵养	水源涵养	14 567.64	14 578.43	13 885.32	亿m³	682.32	4.91
土壤保持	减少泥沙淤积	355.39	353.78	351.19	亿m³	4.20	1.20
	减少面源污染-氮	1.77	1.76	1.75	亿t	0.02	1.1
	减少面源污染-磷	0.52	0.51	0.51	亿t	0.01	2.0
防风固沙	防风固沙	293.34	292.77	272.80	亿t	20.54	7.53
调节服务 洪水调蓄	湖泊调蓄	2 878.9	2 349.43	2 241.1	亿m³	637.80	28.5
	水库调蓄	2 011.72	1 731.62	1 287.55	亿m³	724.17	56.2
	沼泽调蓄	585.67	598.25	627.17	亿m³	-41.50	-6.6
	植被调蓄	2 281.15	2 130.30	1 863.89	亿m³	417.26	22.4
空气净化	净化二氧化硫	5 769.02	5 761.53	5 711.31	万t	57.71	1.0
	净化氮氧化物	188.97	188.77	187.15	万t	1.82	1.0
	净化工业粉尘	719 052.16	718 103.08	712 089.77	万t	6 962.39	1.0

续表

功能类别	核算科目	功能量				2000~2015年变化	
		2015年	2010年	2000年	单位	变化量	变化幅度(%)
水质净化	净化COD	3 861.44	3 841.29	3 837.66	万t	23.78	0.6
	净化总氮	299.32	297.76	297.48	万t	1.84	0.6
	净化总磷	299.32	297.76	297.48	万t	1.84	0.6
固碳释氧	固碳	14.57	13.89	11.32	亿t	3.25	28.7
	释氧	10.59	10.10	8.23	亿t	2.36	28.7
调节服务	植被蒸腾	244 916.03	244 746.56	242 997.79	亿kW·h	1 918.24	0.79
气候调节	水面蒸发	196 935.23	195 262.51	193 321.71	亿kW·h	3 613.52	1.87
病虫害控制	森林	1.07	1.08	0.98	亿亩	0.09	9.2
	草原	0.69	0.77	0.62	亿亩	0.07	11.3
文化服务	休闲旅游	40	21	7.44	亿人	32.56	437.6

表5-15 全国生态系统生产总值(GEP)价值量变化(2000~2015年)

功能类别	核算科目	2015年		2010年		2000年		2000~2015变化	
		价值(亿元)	比例(%)	价值(亿元)	比例(%)	价值(亿元)	比例(%)	变化量(亿元)	变化率(不变价)(%)
物质产品	农业产品	57 686.33	9.20	36 941.11	7.11	13 873.50	3.34	38 020.48	193.33
	林业产品	4 436.39	0.71	2 595.47	0.50	936.40	0.23	3 109.03	234.23
	畜牧业产品	29 780.38	4.75	20 825.73	4.01	7 393.30	1.78	19 300.28	184.16
	渔业产品	10 934.61	1.74	6 422.37	1.24	2 712.70	0.65	7 089.33	184.36
	生态能源	5 990.45	0.96	3 827.51	0.74	1 178.82	0.28	4 319.46	258.50
	水资源	4 836.43	0.77	5 034.31	0.97	3 793.71	0.91	-541.20	-10.06
	其他	0.00	0.00	0.00	0.00	0.00	0.00	0.00	0.00

续表

功能类别	核算科目	2015年 价值（亿元）	2015年 比例（%）	2010年 价值（亿元）	2010年 比例（%）	2000年 价值（亿元）	2000年 比例（%）	2000~2015变化 变化量（亿元）	2000~2015变化 变化率（%）（不变价）
水源涵养	水源涵养	117 997.88	18.82	102 923.72	19.81	79 424.03	19.14	5 526.78	4.9
土壤保持	减少泥沙淤积	7 719.08	1.23	6 697.10	1.29	5 380.22	1.30	91.24	1.2
	减少面源污染−氮	3 092.80	0.49	1 539.35	0.30	1 527.96	0.37	36.88	1.2
	减少面源污染−磷	1 444.42	1.23	1 437.84	0.28	1 427.20	0.34	17.23	1.2
防风固沙	防风固沙	8 276.68	1.32	8 258.72	1.59	7 693.02	1.85	583.66	7.6
洪水调蓄	湖泊调蓄	23 319.11	3.72	16 587.00	3.19	12 819.09	3.09	5 166.20	28.46
	水库调蓄	16 294.94	2.60	12 225.26	2.35	7 364.80	1.77	5 865.77	56.24
	沼泽调蓄	4 743.9	0.76	4 223.64	0.81	3 587.42	0.86	−336.17	−6.62
	植被调蓄	18 477.34	2.95	15 039.94	2.90	10 661.43	2.57	3 379.86	22.4
调节服务 空气净化	净化二氧化硫	726.90	0.12	362.98	0.07	359.81	0.09	7.27	1.0
	净化氮氧化物	23.81	0.00	11.89	0.00	11.79	0.00	0.23	1.0
	净化工业粉尘	10 785.78	1.72	10 771.55	2.07	10 681.35	2.57	104.44	1.0
水质净化	净化COD	540.60	0.09	268.89	0.05	268.64	0.06	3.33	0.6
	净化总氮	52.38	0.01	26.05	0.01	26.03	0.01	0.32	0.6
	净化总磷	83.81	0.01	83.37	0.02	83.29	0.02	0.52	0.6
固碳释氧	固碳	5 622.57	0.90	4 666.30	0.90	3 078.47	0.74	1 253.85	28.7
	释氧	7 754.53	1.24	6 898.45	1.33	5 103.35	1.23	1 729.29	28.7
气候调节	植被蒸腾	129 805.5	20.70	129 715.68	24.97	128 788.83	31.03	1 016.67	0.79
	水面蒸发	104 375.67	16.65	103 489.13	19.92	102 460.51	24.69	1 915.17	1.87
病虫害控制	森林	331.91	0.05	290.76	0.06	214.81	0.05	27.42	9
	草原	2.45	0.00	2.37	0.00	1.55	0.00	0.25	11.3
文化服务	休闲旅游	51 838.68	8.27	18 293.39	3.52	4 163.23	1.00	45 937.25	778.41
合计	GEP总和	626 975.33	100	519 459.9	100	415 015.3	100	143 624.84	29.71

|6| 各省（自治区、直辖市）生态系统生产总值核算

6.1 各省（自治区、直辖市）生态系统物质产品价值

2015 年，生态系统物质产品价值超过 5000 亿元的省（自治区、直辖市）有 9 个，分别为粮食主产区的山东、四川、河南、江苏和黑龙江，华中的湖南、湖北，华南的广东及华北的河北。除此之外，华南的广西、东北的辽宁、西南的云南、华东的安徽和福建等都有相对较高的物质产品价值，而受限于自然条件，西北大部地区的物质产品价值较低（图6-1）。

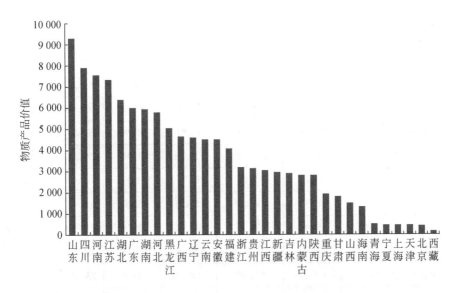

图 6-1　2015 年各省（自治区、直辖市）生态系统物质产品价值（单位：亿元）

从 2015 年各省（自治区、直辖市）物质产品价值排序情况来看（表 6-1），山东的生态系统物质产品价值最高，达到 9265.64 亿元；其次是四川，生态系统物质产品价值为 7909.55 亿元；河南和江苏的生态系统物质产品价值分别为 7575.94 亿元和 7352.05 亿元。生态系统物质产品价值位于 5000 亿~7000 亿元的有湖北、广东、湖南、河北和黑龙江；生态系统物质产品价值位于 3000 亿~5000 亿元的有广西、辽宁、云南、安徽、福建、浙江、贵州和江西，共计 8 个省（自治区）；生态系统物质产品价值位于 1000 亿~3000 亿元的有新疆、吉林、内蒙古、陕西、重庆、甘肃、山西和海南 8 个省（自治区、直辖市）；生态系统物质产品价值低于 1000 亿元的有青海、宁夏、上海、天津、北京和西藏 6 个省（自治区、直辖市）。

表 6-1 **2015 年各省（自治区、直辖市）生态系统物质产品功能价值**

（单位：亿元）

省（自治区、直辖市）	农业产品	林业产品	畜牧业产品	渔业产品	生态能源	水资源	总计
北京	154.48	57.33	135.86	11.87	3.52	57.11	420.17
天津	238.02	7.74	130.23	80.37	0.08	26.11	482.55
河北	3 441.88	121.48	1 904.12	198.72	5.29	108.64	5 780.12
山西	969.52	97.42	359.04	9.94	15.51	58.99	1 510.41
内蒙古	1 418.31	99.42	1 160.85	30.75	19.30	93.34	2 821.97
辽宁	2 068.60	166.12	1 561.43	689.77	17.11	106.44	4 609.47
吉林	1 400.38	109.82	1 244.87	39.91	30.96	91.55	2 917.49
黑龙江	2 911.86	204.22	1 704.81	117.56	8.94	99.53	5 046.91
上海	162.04	12.15	65.61	51.79	0.00	193.76	485.35
江苏	3 722.10	129.09	1 262.09	1 571.51	6.20	661.06	7 352.05
浙江	1 434.71	151.63	426.18	855.86	121.40	210.33	3 200.11
安徽	2 174.61	290.11	1 258.98	475.07	25.80	287.71	4 512.28
福建	1 618.59	314.28	571.27	1 082.31	247.02	233.41	4 066.88
江西	1 326.90	293.69	719.83	419.99	94.50	200.92	3 055.83

省（自治区、直辖市）	农业产品	林业产品	畜牧业产品	渔业产品	生态能源	水资源	总计
山东	4 929.85	139.91	2 523.24	1 524.74	4.12	143.78	9 265.64
河南	4 610.71	134.28	2 445.30	123.61	58.38	203.65	7 575.94
湖北	2 780.37	180.60	1 503.34	922.77	704.09	310.23	6 401.40
湖南	3 043.52	317.38	1 601.75	366.93	303.44	294.90	5 927.92
广东	2 793.76	296.75	1 117.15	1 117.16	231.48	452.50	6 008.80
广西	2 146.37	313.90	1 140.30	429.82	397.13	210.35	4 637.88
海南	613.87	99.23	238.46	324.87	6.04	23.50	1 305.97
重庆	1 033.68	60.44	542.90	74.91	121.60	112.58	1 946.11
四川	3 335.51	205.82	2 515.58	210.52	1 413.85	228.27	7 909.55
贵州	1 772.59	137.70	665.17	55.90	418.29	92.36	3 142.01
云南	1 841.46	317.12	1 031.02	81.68	1 154.11	96.78	4 522.17
西藏	68.05	2.11	75.30	0.17	20.94	7.98	174.55
陕西	1 910.71	75.79	665.49	23.61	71.16	68.41	2 815.16
甘肃	1 252.51	28.65	279.42	2.18	178.07	49.93	1 790.76
青海	145.00	7.43	158.37	2.78	193.09	12.92	519.59
宁夏	310.99	11.63	122.90	15.77	8.23	19.16	488.68
新疆	2 055.38	53.15	649.51	21.77	110.80	80.23	2 970.84
全国	57 686.33	4 436.39	29 780.38	10 934.61	5 990.45	4 836.43	113 664.58

6.2　各省（自治区、直辖市）生态系统调节服务价值

　　2015 年，全国调节服务价值较高的省（自治区、直辖市）有内蒙古、西藏、江西、广西、湖南等。除此之外，西南的云南和四川，西北的新疆，华中的湖北和华东的福建等也都具有相对较高的调节服务价值。而天津、北京、宁夏和上海等的调节服务价值则较低（图6-2）。

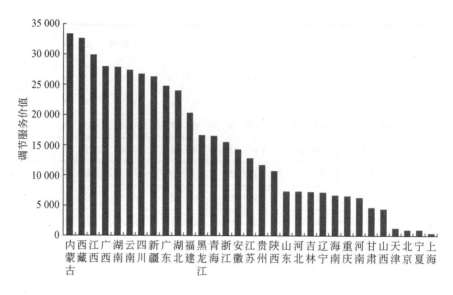

图 6-2 2015 年各省（自治区、直辖市）生态系统调节服务价值（单位：亿元）

从 2015 年各省（自治区、直辖市）调节服务价值排序情况来看（表 6-2），内蒙古的生态系统调节服务价值最高，达到 33 361.9 亿元；其次是西藏，生态系统调节服务价值为 32 662.74 亿元。而江西、广西、湖南的调节服务价值较相近，均在 28 000 亿元左右。生态系统调节服务价值在 20 000 亿元以上的还有云南、四川、新疆、广东、湖北和福建 5 个省（自治区）；生态系统调节服务价值位于 10 000 亿~20 000 亿元的有黑龙江、青海、浙江、安徽、江苏、贵州和陕西 7 个省；生态系统调节服务价值低于 10 000 亿元的有山东、河北、吉林、重庆、辽宁和海南等 13 个省（自治区、直辖市）。

表 6-2 2015 年全国各省（自治区、直辖市）生态系统调节功能价值

（单位：亿元）

省（自治区、直辖市）	水源涵养	土壤保持	防风固沙	洪水调蓄	空气净化	水质净化	固碳释氧	气候调节	病虫害控制	合计
北京	91.21	18.06	11.74	142.27	34.72	0.60	37.86	656.44	1.83	994.74
天津	52.97	1.46	0.00	76.00	2.38	3.77	11.02	1 117.67	2.15	1 267.43

省（自治区、直辖市）	水源涵养	土壤保持	防风固沙	洪水调蓄	空气净化	水质净化	固碳释氧	气候调节	病虫害控制	合计
河北	513.30	128.64	74.35	642.66	228.37	7.19	261.36	5 525.10	16.12	7 397.09
山西	801.74	403.64	73.96	230.04	161.80	1.71	272.91	2 530.01	4.47	4 480.27
内蒙古	5 710.01	202.62	4 011.39	1 785.15	952.66	92.86	1 102.63	19 481.29	23.31	33 361.90
辽宁	1 245.21	233.01	290.38	1 198.59	321.29	10.67	436.39	3 446.55	26.10	7 208.19
吉林	1 627.29	175.25	325.45	1 131.61	476.04	14.95	531.08	3 014.76	5.33	7 301.76
黑龙江	2 346.65	177.38	120.69	2 193.50	1 131.82	90.80	738.41	9 864.34	8.74	16 672.33
上海	45.68	0.55	0.00	50.13	2.41	1.54	3.97	332.85	0.20	437.35
江苏	933.69	17.10	0.00	5 063.70	23.70	29.76	137.23	6 595.26	3.84	12 804.28
浙江	4 527.74	629.10	0.00	2 072.52	347.90	11.79	316.00	7 633.91	4.72	15 543.68
安徽	2 779.19	334.35	0.00	3 934.86	211.14	17.68	294.67	6 709.04	15.24	14 296.17
福建	6 563.67	915.49	0.00	2 288.61	516.88	3.69	919.30	9 140.95	9.56	20 357.75
江西	8 451.78	687.08	0.00	6 056.70	572.62	18.03	222.82	13 828.21	6.15	29 843.39
山东	557.44	64.69	0.00	1 349.38	108.29	12.79	209.13	5 103.43	20.98	7 426.15
河南	583.44	159.05	0.00	1 188.17	122.05	6.81	323.56	3 961.49	23.52	6 368.09
湖北	4 417.58	308.24	0.00	7 982.62	367.65	28.00	681.79	10 175.13	12.26	23 973.27
湖南	8 121.63	652.28	0.00	7 703.16	528.89	16.49	816.74	10 035.54	15.01	27 889.73
广东	8 252.93	895.60	0.00	3 410.34	642.95	17.15	536.56	11 021.00	5.25	24 781.76
广西	9 105.05	1 000.60	0.00	4 044.83	746.76	8.28	424.45	12 667.05	3.77	28 000.78
海南	1 481.41	146.38	0.00	621.66	130.33	2.20	59.63	4 334.93	0.23	6 776.77
重庆	2 196.40	244.72	0.00	474.15	209.82	3.13	342.92	3 130.74	8.63	6 610.49
四川	9 582.54	1 217.05	0.65	1 264.96	897.10	19.12	867.62	12 847.45	22.60	26 719.10
贵州	5 114.18	380.16	0.00	1 082.10	392.32	2.56	612.75	4 086.58	8.48	11 679.13
云南	10 829.78	1 416.10	0.00	1 663.97	1 114.34	7.27	876.33	11 447.61	19.70	27 375.10
西藏	10 442.36	596.04	220.21	2 051.16	561.02	106.30	227.59	18 451.25	6.81	32 662.74
陕西	2 156.14	666.16	157.98	631.91	336.82	2.51	442.40	6 319.00	11.59	10 724.50
甘肃	1 568.32	357.60	154.35	266.38	142.12	4.93	280.42	1 919.13	6.45	4 699.70

省（自治区、直辖市）	水源涵养	土壤保持	防风固沙	洪水调蓄	空气净化	水质净化	固碳释氧	气候调节	病虫害控制	合计
青海	3 770.39	135.86	126.73	1 592.60	48.06	89.43	238.13	10 527.06	1.27	16 529.54
宁夏	114.21	29.60	84.49	53.11	8.41	1.18	42.05	592.38	5.23	930.66
新疆	4 013.96	62.48	2 624.31	588.48	195.80	43.62	1 109.39	17 685.41	34.79	26 358.24
全国	11 7997.88	12 256.30	8 276.68	62 835.30	11 536.49	676.79	13 377.10	234 181.17	334.36	461 472.07

6.2.1　各省（自治区、直辖市）水源涵养价值

全国水源涵养价值较高的省（自治区、直辖市）大多集中在我国南部，分别为西南的云南和四川，青藏高原的西藏，华南地区广东、广西，华东地区的江西，华中地区的湖南等。除此之外，华东地区的福建和浙江、西南的贵州、华中的湖北等也都具有相对较高的水源涵养价值。而西北地区的内蒙古和新疆虽然干旱少雨，但其山区森林丰茂，是其水源涵养较高的地区，从而提高了该区域的水源涵养价值。华北和西北地区其他省份的水源涵养价值则相对不高。

从 2015 年各省（自治区、直辖市）水源涵养价值排序情况来看（图 6-3），云南的生态系统水源涵养价值最高，达到 10 829.78 亿元；其次是西藏，生态系统水源涵养价值为 10 442.36 亿元。而四川、广西、江西、广东和湖南 5 个省（自治区）的水源涵养价值均在 8000 亿元以上。生态系统水源涵养价值位于 3000 亿~8000 亿元的有福建、内蒙古、贵州、浙江、湖北、新疆和青海 7 个省（自治区）；生态系统水源涵养价值位于 1000 亿~3000 亿元的有安徽、黑龙江、重庆、陕西、吉林、甘肃、海南和辽宁，共计 8 个省（直辖市）；生态系统水源涵养价值低于 1000 亿元的有江苏、山西、河南、山东、河北、宁夏、北京、天津和上海 9 个省（自治区、直辖市）。

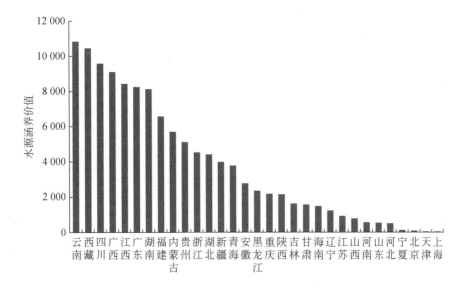

图 6-3　全国各省（自治区、直辖市）生态系统水源涵养价值（单位：亿元）

6.2.2　各省（自治区、直辖市）土壤保持价值

　　全国土壤保持价值较高的省（自治区、直辖市）有 5 个，分别为西南地区的云南、四川，华南的广东和广西，华东的福建。除此之外，华东地区的江西和浙江、西北地区的陕西、华中地区的湖南及青藏高原的西藏等也有相对较高的土壤保持价值，而华北、西北大部地区的土壤保持价值普遍相对较低。

　　从 2015 年各省（自治区、直辖市）土壤保持价值排序情况来看（图 6-4），云南的生态系统土壤保持价值最高，达到 1416.1 亿元；其次是四川，生态系统土壤保持价值为 1217.05 亿元；广西、福建和广东的生态系统土壤保持价值均在 800 亿元以上。生态系统土壤保持价值位于 500 亿~800 亿元的有江西、陕西、湖南、浙江和西藏 5 个省（自治区）；生态系统土壤保持价值位于 300 亿~500 亿元的有山西、贵州、甘肃、安徽和湖北，共计 5 个省；生态系统土壤保持价值位于

100亿~300亿元的有重庆、辽宁、内蒙古、黑龙江、吉林、河南、海南、青海和河北9个省（自治区、直辖市）；生态系统土壤保持价值低于100亿元的有山东、新疆、宁夏、北京、江苏、天津和上海7个省（自治区、直辖市）。

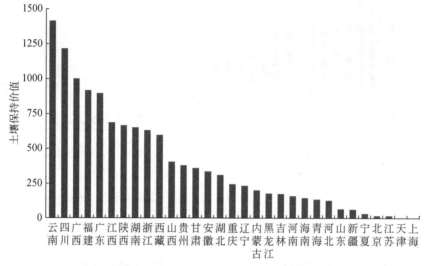

图6-4　全国各省（自治区、直辖市）生态系统土壤保持价值（单位：亿元）

6.2.3　各省（自治区、直辖市）防风固沙价值

全国具有防风固沙功能的区域主要集中在西北、华北和东北地区的14个省（自治区、直辖市），其中防风固沙价值最高的是内蒙古。除此之外，新疆、吉林、辽宁、西藏、陕西、甘肃和青海也有相对较高的防风固沙价值。

从2015年各省（自治区、直辖市）防风固沙价值排序情况来看（图6-5），内蒙古的生态系统防风固沙价值最高，达到4011.39亿元；其次是新疆，生态系统防风固沙价值为2624.31亿元。这两个自治区的固沙价值为全国固沙总价值的80.2%。生态系统防风固沙价值在200亿元以上的有吉林、辽宁和西藏3个省（自治区）；生态系统防风固沙价值位于 100 亿 ~ 200 亿元的有陕西、甘肃、青海和黑龙江 4 个省；生态系统防风固沙价值小于 100 亿元的有宁夏、河北、山西、北京和四川。

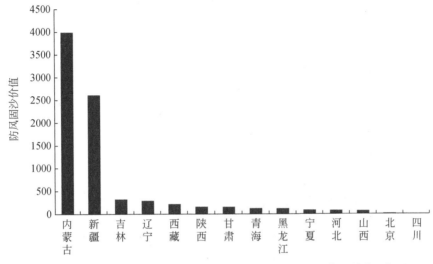

图 6-5　全国各省（自治区、直辖市）生态系统防风固沙价值（单位：亿元）

6.2.4　各省（自治区、直辖市）洪水调蓄价值

全国洪水调蓄价值最高的省份为湖北；其次是湖南、江西和江苏。除此之外，华南的广西、广东，华中的安徽和华东的福建、浙江等地区也有相对较高的洪水调蓄价值，而华北、西北和东北地区大部洪水调蓄价值则普遍不高。

从 2015 年各省（自治区、直辖市）洪水调蓄价值排序情况来看（图 6-6），湖北的生态系统洪水调蓄价值最高，达到 7982.62 亿元；其次是湖南、江西和江苏，生态系统洪水调蓄价值分别为 7703.16 亿元、6056.7 亿元和 5063.7 亿元。生态系统洪水调蓄价值位于 2000 亿 ~ 4000 亿元的有广西、安徽、广东、福建、黑龙江、浙江和西藏 7 个省（自治区）；生态系统洪水调蓄价值位于 1000 亿 ~ 2000 亿元的有内蒙古、云南、青海、山东、四川、辽宁、河南、吉林和贵州，共计 9 个省（自治区）；生态系统洪水调蓄价值位于 100 亿～1000 亿元的有河北、陕西、海南、新疆、重庆、甘肃、山西、北京 8 个省（自治区、直辖市）；天津、宁夏和上海的生态系统洪水调蓄价值低于 100 亿元。

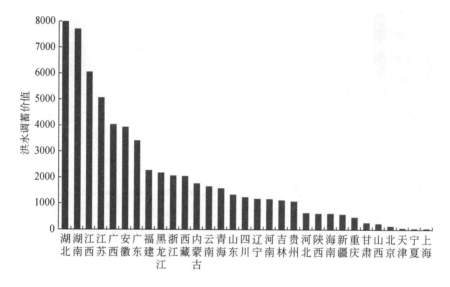

图 6-6　全国各省（自治区、直辖市）生态系统洪水调蓄价值（单位：亿元）

6.2.5　各省（自治区、直辖市）空气净化价值

全国空气净化价值较高的省（自治区、直辖市）有 4 个，主要是森林覆盖度较高的地区，如东北地区的黑龙江和内蒙古，西南地区的云南和四川。除此之外，华南的广西和广东，华东的江西、福建，青藏高原的西藏，华中的湖南，东北的吉林等也都具有相对较高的空气净化价值。而西北、华北等地的大部分地区空气净化价值则相对不高。

从 2015 年各省（自治区、直辖市）空气净化价值排序情况来看（图 6-7），黑龙江的生态系统空气净化价值最高，达到 1131.82 亿元；其次是云南、内蒙古和四川，生态系统空气净化价值分别为 1114.34

亿元、952.66 亿元和 897.1 亿元；广西、广东、江西、西藏、湖南和福建 6 个省（自治区）的空气净化价值在 500 亿~800 亿元。生态系统空气净化价值位于 200 亿~400 亿元的有吉林、贵州、湖北、浙江、陕西、辽宁、河北、安徽和重庆 9 个省（直辖市）；生态系统空气净化价值在 200 亿元以下的有新疆、山西、甘肃、海南、河南、山东、青海、北京、江苏、宁夏、上海和天津，共计 12 个省（自治区、直辖市）。

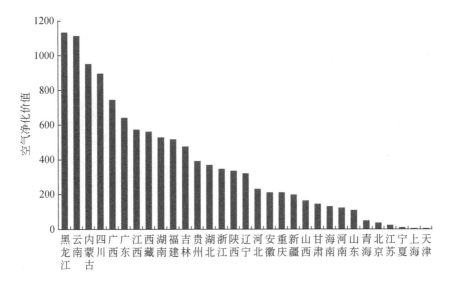

图 6-7　全国各省（自治区、直辖市）生态系统空气净化价值（单位：亿元）

6.2.6　各省（自治区、直辖市）水质净化价值

全国水质净化价值较高的省（自治区、直辖市）有 4 个，主要集中在青藏高原地区的西藏和青海及东北地区的内蒙古和黑龙江。除这 4 个省（自治区）以外，西北地区的新疆，华东地区的江苏和安徽及华中的湖北也都具有相对较高的水质净化价值。就全国而言，华北、华南、华东等地区大部水质净化价值相对不高。

从2015年各省（自治区、直辖市）水质净化价值排序情况来看（图6-8），西藏的生态系统水质净化价值最高，达到106.3亿元；其次是内蒙古、黑龙江和青海，生态系统水质净化价值分别为92.86亿元、90.80亿元和89.43亿元。生态系统水质净化价值位于20亿~50亿元的有新疆、江苏和湖北；生态系统水质净化价值位于10亿~20亿元的有四川、江西、安徽、广东、湖南、吉林、山东、浙江、辽宁，共计9个省；生态系统水质净化价值位于5亿~10亿元的有广西、云南、河北、河南4个省（自治区）；生态系统水质净化价值低于5亿元的有甘肃、天津、福建、重庆、贵州、陕西、海南、山西、上海、宁夏和北京11个省（自治区、直辖市）。

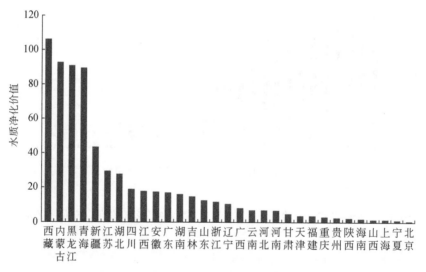

图6-8　全国各省（自治区、直辖市）生态系统水质净化价值（单位：亿元）

6.2.7　各省（自治区、直辖市）固碳释氧价值

全国固碳释氧价值较高的省（自治区、直辖市）为新疆和内蒙古。除此之外，华东的福建、西南地区的云南和四川及华中的湖南等也都具有相对较高的固碳释氧价值。而华东和华北地区的大部固碳释

氧价值则相对不高。

从 2015 年各省（自治区、直辖市）固碳释氧价值排序情况来看（图 6-9），新疆和内蒙古的生态系统固碳释氧价值最高，分别为 1109.39 亿元和 1102.63 亿元；其次是福建，生态系统固碳释氧价值为 919.30 亿元。而云南、四川、湖南、黑龙江、湖北和贵州 6 个省的固碳释氧价值位于 600 亿~900 亿元。生态系统固碳释氧价值位于 300 亿~600 亿元的有广东、吉林、陕西、辽宁、广西、重庆、河南和浙江 8 个省（自治区、直辖市）；生态系统固碳释氧价值位于 100 亿~300 亿元的有安徽、甘肃、山西、河北、青海、西藏、江西、山东和江苏，共计 9 个省（自治区）；其他如海南、宁夏、北京、天津和上海 5 个省（自治区、直辖市）的生态系统固碳释氧价值在 100 亿元以下。

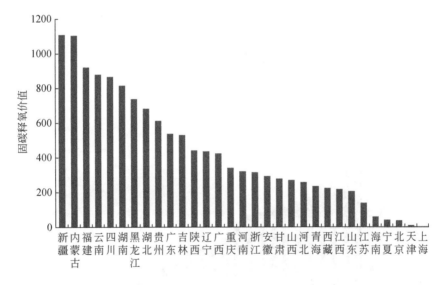

图 6-9 全国各省（自治区、直辖市）生态系统固碳释氧价值（单位：亿元）

6.2.8 各省（自治区、直辖市）气候调节价值

全国气候调节价值较高的省（自治区、直辖市）有 4 个，主要包

括内蒙古、新疆、西藏和广东。另外华南的广西和江西、西南地区的四川和云南、华中的湖南和湖北及西北地区的青海等也都具有相对较高的气候调节价值。而华东大部、华北地区的气候调节价值则相对较低。

从 2015 年各省（自治区、直辖市）气候调节价值排序情况来看（图 6-10），内蒙古的生态系统气候调节价值最高，达到 19 481.29 亿元；其次是西藏和新疆，生态系统气候调节价值分别为 18 451.25 亿元和 17 685.41 亿元。气候调节价值位于 10 000 亿 ~ 15 000 亿元的有江西、四川、广西、云南、广东、青海、湖北和湖南 8 个省（自治区）。黑龙江、福建、浙江、安徽、江苏、陕西、河北和山东 8 个省的生态系统气候调节价值位于 5000 亿 ~ 10 000 亿元；生态系统气候调节价值位于 2000 亿 ~ 5000 亿元的有海南、贵州、河南、辽宁、重庆、吉林和山西，共计 7 个省（直辖市）；生态系统气候调节价值位于 2000 亿元以下的有甘肃、天津、北京、宁夏和上海 5 个省（自治区、直辖市）。

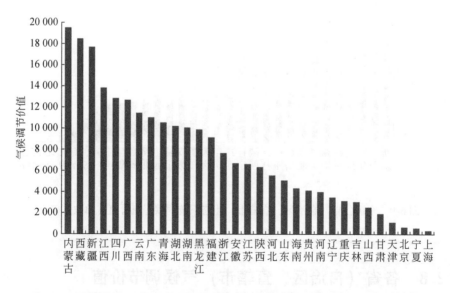

图 6-10　全国各省（自治区、直辖市）生态系统气候调节价值（单位：亿元）

6.2.9　各省（自治区、直辖市）病虫害控制价值

全国病虫害控制价值最高的省（自治区、直辖市）是新疆。东北地区的辽宁和内蒙古、华北的河南和山东及西南地区的四川和云南也都具有相对较高的病虫害控制价值。华南、华东和西北地区大部病虫害控制价值则相对较低。

从 2015 年各省（自治区、直辖市）病虫害控制价值排序情况来看（图 6-11），新疆的生态系统病虫害控制价值最高，达到 34.79 亿元；其次是辽宁，生态系统病虫害控制价值为 26.10 亿元。河南、内蒙古、四川和山东的病虫害控制价值也均在 20 亿元以上。云南、河北、安徽、湖南、湖北和陕西 6 个省的生态系统病虫害控制价值位于 10 亿～20 亿元；生态系统病虫害控制价值位于 5 亿～10 亿元的有福建、黑龙江、重庆、贵州、西藏、甘肃、江西、吉林、广东和宁夏，共计 10 个省（自治区、直辖市）；生态系统病虫害控制价值位于 1 亿～5 亿元的有浙江、山西、江苏、广西、天津、北京和青海7 个省（自治区、直辖市）；生态系统病虫害控制价值低于 1 亿元的是海南和上海。

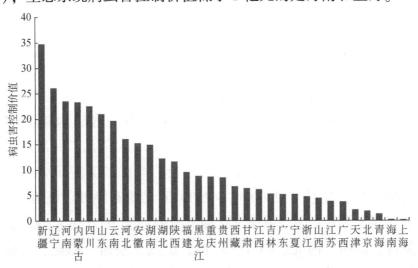

图 6-11　全国各省（自治区、直辖市）生态系统病虫害控制价值（单位：亿元）

6.3 各省（自治区、直辖市）生态系统文化服务价值

2015 年，全国文化服务价值最高的省（自治区、直辖市）为四川，其次是贵州。除此之外，河南、云南、广东、湖北和江苏也具有相对较高的文化服务价值，而西北和东北地区大部的文化服务价值则相对不高（图 6-12）。

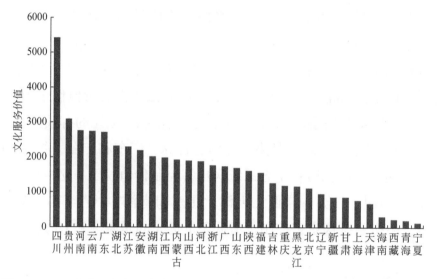

图 6-12　2015 年全国各省（自治区、直辖市）生态系统文化服务价值（单位：亿元）

从 2015 年各省（自治区、直辖市）文化服务价值排序来看（表 6-3），四川的生态系统文化服务价值最高，达到 5448.85 亿元；其次是贵州，生态系统文化服务价值为 3105.84 亿元。而河南、云南和广东的生态系统文化服务价值较为相近，均在 2700 亿元左右。生态系统文化服务价值位于 2000 亿～2500 亿元的有湖北、江苏、安徽、湖南、江西 5 个省；生态系统文化服务价值位于 1000 亿～2000 亿元的有内蒙古、山西、河北、浙江、广西、山东、陕西、福建、吉林、重庆、黑龙江、北京，共计 12 个省（自治区、直辖市）；生态系统文化

服务价值低于 1000 亿元的有辽宁、新疆、甘肃、上海、天津、海南、西藏、青海、宁夏 9 个省（自治区、直辖市）。

表 6-3　2015 年全国各省（自治区、直辖市）生态系统文化服务价值

(单位：亿元)

省（自治区、直辖市）	文化服务价值	省（自治区、直辖市）	文化服务价值	省（自治区、直辖市）	文化服务价值
四川	5 448.85	山西	1 916.66	辽宁	971.29
贵州	3 105.84	河北	1 898.05	新疆	874.46
河南	2 784.81	浙江	1 767.67	甘肃	865.14
云南	2 756.00	广西	1 753.16	上海	790.38
广东	2 726.48	山东	1 711.15	天津	680.98
湖北	2 351.05	陕西	1 623.20	海南	311.34
江苏	2 306.73	福建	1 564.10	西藏	240.50
安徽	2 224.99	吉林	1 268.62	青海	217.99
湖南	2 045.84	重庆	1 207.28	宁夏	142.05
江西	2 012.58	黑龙江	1 187.41	全国	51 838.68
内蒙古	1 947.61	北京	1 136.44		

6.4　各省（自治区、直辖市）生态系统生产总值

2015 年，全国生态系统生产总值较高的是四川和内蒙古。除此之外，华中地区的湖南、湖北和江西，华南地区的广西和广东，西南地区的云南和西藏等也都具有相对较高的生态系统生产总值。西北地区的山西、甘肃和宁夏，华南地区的海南，华北的北京、天津和华东地区的上海等的生态系统生产总值则相对较低（图 6-13）。

从各省（自治区、直辖市）生态系统生产总值排序情况来看（图 6-13），四川的生态系统生产总值最高，达到 40 077.5 亿元；其次是内蒙古，生态系统生产总值为 38 131.49 亿元。湖南、江西、云南、广西、广东、西藏、湖北和新疆 8 个省（自治区）的生态系统生产总

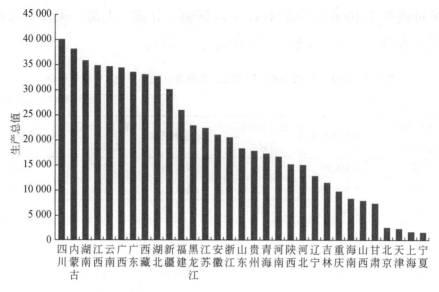

图 6-13　2015 年各省（自治区、直辖市）生态系统生产总值（单位：亿元）

值也在 30 000 亿元以上；生态系统生产总值位于 20 000 亿～30 000 亿元的有福建、黑龙江、江苏、安徽、浙江，共计 5 个省；生态系统生产总值位于 10 000 亿～20 000 亿元的有山东、贵州、青海、河南、陕西、河北、辽宁和吉林 8 个省；而重庆、海南、山西、甘肃、北京、天津、上海和宁夏 8 个省（自治区、直辖市）的生态系统生产总值均低于 10 000 亿元。

6.5　各省（自治区、直辖市）单位面积 GEP、人均 GEP 及 GDP：GEP

从单位面积 GEP 来看，全国经济较发达、人口密度较高的地区单位面积 GEP 较高。其中，单位面积 GEP 最高的为江苏，达到了 2202.84 万元/km²，其次是上海，为 2154.29 万元/km²，再次为福建，为 2129.06 万元/km²。除此之外，单位面积 GEP 较高的地区还有天津、浙江、江西，华南的广东等（表 6-4 和图 6-14）。

表 6-4 2015 年各省（自治区、直辖市）生态系统生产总值 GEP 与 GDP

省 （自治区、 直辖市）	物质产品 （亿元）	调节服务 （亿元）	文化服务 （亿元）	GEP （亿元）	单位面积 GEP （万元/km²）	人均 GEP （元）	GDP/GEP	GEP/GDP
北京	420.17	994.74	1 136.44	2 551.35	1 555.15	11 751.96	9.02	0.11
天津	482.55	1 267.43	680.98	2 430.96	2 080.16	15 714.06	6.80	0.15
河北	5 780.12	7 397.09	1 898.05	15 075.27	802.99	20 303.39	1.98	0.51
山西	1 510.41	4 480.27	1 916.66	7 907.36	504.35	21 581.22	1.61	0.62
内蒙古	2 821.97	33 361.90	1 947.61	38 131.49	332.77	151 857.79	0.47	2.14
辽宁	4 609.47	7 208.19	971.29	12 788.94	875.61	29 185.18	2.24	0.45
吉林	2 917.49	7 301.76	1 268.62	11 487.87	601.53	41 728.55	1.22	0.82
黑龙江	5 046.92	16 672.33	1 187.41	22 906.65	506.17	60 090.90	0.66	1.52
上海	485.35	437.35	790.38	1 713.08	2 154.29	7 093.52	14.67	0.07
江苏	7 352.05	12 804.28	2 306.73	22 463.06	2 202.84	28 163.31	3.12	0.32
浙江	3 200.11	15 543.68	1 767.67	20 511.46	1 963.60	37 030.98	2.09	0.48
安徽	4 512.28	14 296.17	2 224.99	21 033.44	1 501.07	34 234.12	1.05	0.96
福建	4 066.88	20 357.75	1 564.10	25 988.73	2 129.06	67 696.61	1.00	1.00
江西	3 055.83	29 843.39	2 012.58	34 911.81	2 091.24	76 460.37	0.48	2.09
山东	9 265.64	7 426.15	1 711.15	18 402.93	1 176.90	18 688.87	3.42	0.29
河南	7 575.94	6 368.09	2 784.81	16 728.83	1 009.90	17 646.44	2.21	0.45
湖北	6 401.40	23 973.27	2 351.05	32 725.73	1 760.43	55 922.30	0.90	1.11
湖南	5 927.92	27 889.73	2 045.84	35 863.49	1 692.76	52 872.61	0.81	1.24
广东	6 008.80	24 781.76	2 726.48	33 517.04	1 889.03	30 894.13	2.17	0.46
广西	4 637.88	28 000.78	1 753.16	34 391.82	1 454.13	71 709.38	0.49	2.05
海南	1 305.97	6 776.77	311.34	8 394.08	1 668.37	92 141.34	0.44	2.27
重庆	1 946.11	6 610.49	1 207.28	9 763.88	1 185.12	32 362.88	1.61	0.62
四川	7 909.55	26 719.10	5 448.85	40 077.50	824.44	48 851.17	0.75	1.33
贵州	3 142.01	11 679.13	3 105.84	17 926.98	1 018.01	50 784.66	0.59	1.71
云南	4 522.17	27 375.10	2 756.00	34 653.27	904.32	73 077.33	0.39	2.54
西藏	174.55	32 662.74	240.50	33 077.78	275.08	1 020 919.2	0.03	32.23
陕西	2 815.16	10 724.50	1 623.20	15 162.87	737.67	39 975.92	1.19	0.84
甘肃	1 790.76	4 699.70	865.14	7 355.61	172.89	28 290.79	0.92	1.08
青海	519.59	16 529.54	217.99	17 267.12	247.86	293 658.58	0.14	7.14
宁夏	488.68	930.66	142.05	1 561.39	300.51	23 374.08	1.86	0.54
新疆	2 970.84	26 358.24	874.46	30 203.54	185.10	127 981.10	0.31	3.24
全国	113 664.58	461 472.07	51 838.68	626 975.33	661.56	45 610.81	1.15	0.87

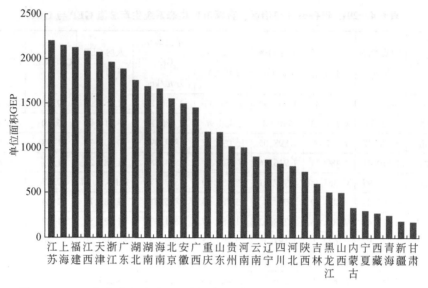

图 6-14　2015 年各省（自治区、直辖市）单位面积 GEP（单位：万元/km²）

从人均 GEP 来看，全国经济欠发达、生态系统生产总值较高、人口密度较低的西藏有最高的人均 GEP，为 1 020 919.2 元；其次是青海，人均 GEP 为 293 658.58 元；内蒙古和新疆的人均 GEP 均在 10 万元以上，分别为 151 857.79 元和 127 981.10 元。除此之外，华南的海南和广西，华东的江西和福建，西南地区的云南和贵州，东北的黑龙江及华中地区的湖北和湖南 9 个省（自治区）也都具有较高的人均 GEP。而华北和东北的大部分地区人均 GEP 相对较低，其中上海的人均 GEP 仅为 7093.52 元（表 6-4 和图 6-15）。

生态环境是经济发展的基础与条件，生态系统生产总值从某种意义上代表了一个区域的 GDP 发展潜力，应该说 GEP 越高的区域代表着良好的生态环境和充沛的生产能力。在此，我们以 GDP 与 GEP 的比值作为区域经济发展对生态环境资源利用强度的衡量指标（图 6-16）。从全国总体来看，GDP 与 GEP 的比值为 1.15，表明 GDP 与 GEP 基本持平，说明我国总体经济发展强度基本是在生态环境与资源所能允许的范围内。但从全国各省（自治区、直辖市）的 GDP 指标和 GEP 对比来看，区域 GDP 与 GEP 并不完全匹配。

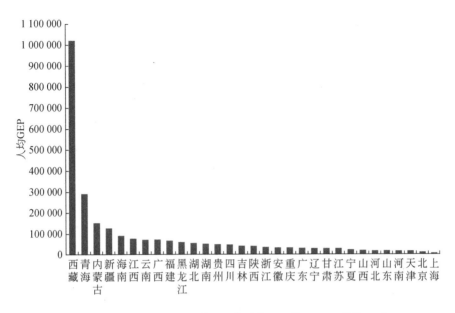

图 6-15　2015 年各省（自治区、直辖市）人均 GEP（单位：元）

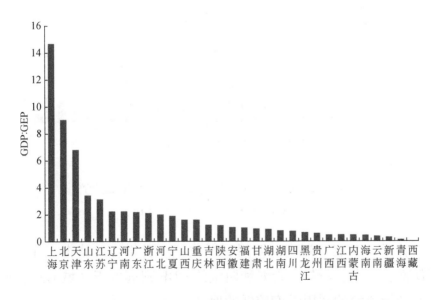

图 6-16　2015 年各省（自治区、直辖市）GDP：GEP

由图6-17和表6-4可见，在全国31个省（自治区、直辖市）中，上海、北京、天津这三个直辖市的GDP远远高于当地生态系统生产总值（GEP），它们的经济发展是依靠消费其他地区的生态资产来维系的，属于特殊发展区。而在这三个特大型城市之外，山东、江苏、广东的GDP显著高于区域GEP，属于对生态环境资源的利用极高强度地区；河南、河北、浙江、辽宁、宁夏的GDP较高于区域GEP，属于对生态环境资源的利用高强度地区；重庆、山西、吉林、陕西、安徽和福建的GDP与GEP基本平衡，属于对生态环境资源的利用中等强度地区。

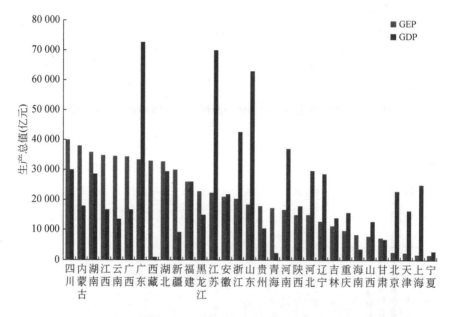

图6-17　2015年各省（自治区、直辖市）生态系统生产
总值（GEP）和国内生产总值（GDP）

而甘肃、湖北、湖南、四川、黑龙江、贵州、内蒙古、江西、广西、海南、云南、新疆、青海和西藏的GDP则远低于区域GEP，属于对生态环境资源的利用强度较低的地区。

6.6 各省（自治区、直辖市）生态系统
生产总值变化（2000~2015 年）

6.6.1 总体 GEP 与 GDP 变化

2000~2015 年的 16 年间，全国生态系统生产总值 GEP 呈现整体增加趋势，2015 年 GEP 为 626 975.33 亿元，按可比价格计算，比 2000 年增长 29.71%（表6-5）。

表 6-5 2000~2015 年各省（自治区、直辖市）生态系统生产总值与 GDP 变化

序号	省（自治区、直辖市）	2015 年 GEP		GEP 变幅		GDP 变幅	
		总量（亿元）	排名	变化率（%）	排名	变化率（%）	排名
1	北京	2 551.35	28	48.36	9	413.52	18
2	天津	2 430.96	29	31.62	18	585.54	5
3	河北	15 075.27	21	64.44	5	316.88	29
4	山西	7 907.36	26	69.97	3	387.95	22
5	内蒙古	38 131.49	2	16.27	27	717.31	1
6	辽宁	12 788.94	22	53.26	8	333.17	28
7	吉林	11 487.87	23	40.06	14	408.38	19
8	黑龙江	22 906.65	12	25.99	20	237.66	31
9	上海	1 713.08	30	14.30	28	271.47	30
10	江苏	22 463.06	13	32.89	16	478.28	11
11	浙江	20 511.46	15	20.73	22	392.67	21
12	安徽	21 033.44	14	31.89	17	434.93	15
13	福建	25 988.73	11	16.75	25	386.85	23
14	江西	34 911.81	4	9.37	30	489.00	9
15	山东	18 402.93	16	65.64	4	433.08	16
16	河南	16 728.83	19	79.79	1	416.60	17

序号	省（自治区、直辖市）	2015 年 GEP		GEP 变幅		GDP 变幅	
		总量（亿元）	排名	变化率（%）	排名	变化率（%）	排名
17	湖北	32 725.73	9	45.92	11	487.99	10
18	湖南	35 863.49	3	41.92	12	474.11	12
19	广东	33 517.04	7	19.69	24	378.22	25
20	广西	34 391.82	6	24.78	21	469.89	13
21	海南	8 394.08	25	20.57	23	395.83	20
22	重庆	9 763.88	24	39.03	15	519.09	7
23	四川	40 077.50	1	47.62	10	439.72	14
24	贵州	17 926.98	17	57.14	7	619.39	2
25	云南	34 653.27	5	28.00	19	377.72	26
26	西藏	33 077.78	8	3.14	31	514.67	8
27	陕西	15 162.87	20	41.55	13	604.75	3
28	甘肃	7 355.61	27	63.54	6	354.97	27
29	青海	17 267.12	18	11.01	29	546.67	6
30	宁夏	1 561.39	31	73.09	2	596.27	4
31	新疆	30 203.54	10	16.67	26	382.43	24
	全国	626 975.33	—	29.71	—	384.7	—

16 年间，各省（自治区、直辖市）的 GEP 均表现出整体增加趋势（图 6-18）。河南、宁夏、山西、山东、河北、甘肃、贵州、辽宁、北京、四川、湖北、湖南、陕西、吉林、重庆、江苏、安徽和天津 18 个省（自治区、直辖市）GEP 增速均高于全国水平（29.71%）。其中，河南和宁夏 GEP 增幅最高，分别为 79.79% 和 73.09%；其次是山西和山东，GEP 增幅分别为 69.97% 和 65.64%。

16 年间，GEP 与 GDP 增幅全国排名均靠前的有宁夏、贵州；GEP 增幅全国排名靠前，但 GDP 增幅全国排名较弱的有河北、山西和甘肃；GEP 增幅全国排名靠后，但 GDP 增幅全国排名较强的有内蒙古、青海、西藏和江西（图 6-19）。

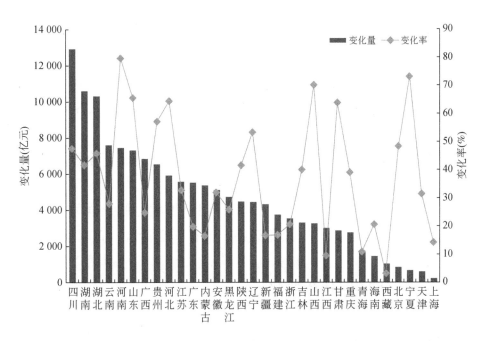

图 6-18　2000～2015 年各省（自治区、直辖市）生态系统生产总值（GEP）变化

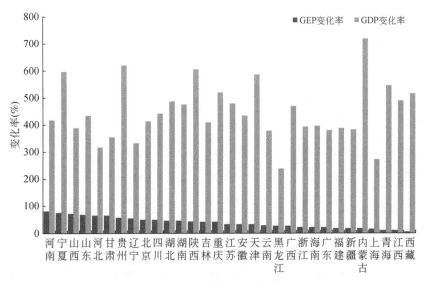

图 6-19　2000～2015 年各省（自治区、直辖市）GEP 与 GDP 变化率

16 年间，GEP 增幅高于全国均值，GDP 增幅也高于全国均值的有贵州、陕西、宁夏、天津、重庆、湖北、江苏、湖南、四川、安徽、山东、河南、北京、吉林和山西共 15 个省（自治区、直辖市）。

16 年间，GEP 增幅低于全国均值，但 GDP 增幅高于全国均值的有内蒙古、青海、西藏、江西、广西、海南、浙江、福建共 8 个省（自治区）。

16 年间，GEP 增幅高于全国均值，但 GDP 增幅低于全国均值的有甘肃、辽宁、河北共 3 个省。

16 年间，GEP 增幅低于全国均值，GDP 增幅也低于全国均值的有新疆、广东、云南、上海、黑龙江共 5 个省（自治区、直辖市）。

6.6.2　单位面积 GEP 变化

从单位面积 GEP 变化来看，全国单位面积 GEP 增长 151.55 万元/km²，增幅为 29.71%。其中，河南和宁夏的单位面积 GEP 增幅较大，江西和西藏的单位面积 GEP 增长速度较为缓慢，16 年间增长率仅为 9.37% 和 3.14%（表 6-6 和图 6-20）。

表 6-6　2000~2015 年各省（自治区、直辖市）单位面积生态系统生产总值变化

省（自治区、直辖市）	单位面积 GEP（万元/km²）		单位面积 GEP 变化	
	2015 年	2000 年	变化量（万元/km²）	变化率（%）
北京	1555.15	1048.24	506.90	48.36
天津	2080.16	1580.38	499.78	31.62
河北	802.99	488.32	314.67	64.44
山西	504.35	296.73	207.61	69.97
内蒙古	332.77	286.20	46.58	16.27
辽宁	875.61	571.34	304.27	53.26
吉林	601.53	429.49	172.04	40.06

省（自治区、直辖市）	单位面积 GEP（万元/km²）		单位面积 GEP 变化	
	2015 年	2000 年	变化量（万元/km²）	变化率（%）
黑龙江	506.17	401.77	104.40	25.99
上海	2154.29	1884.76	269.54	14.30
江苏	2202.84	1657.70	545.15	32.89
浙江	1963.60	1626.44	337.17	20.73
安徽	1501.07	1138.10	362.97	31.89
福建	2129.06	1823.64	305.42	16.75
江西	2091.24	1912.08	179.16	9.37
山东	1176.90	710.54	466.36	65.64
河南	1009.90	561.71	448.19	79.79
湖北	1760.43	1206.42	554.01	45.92
湖南	1692.76	1192.75	500.01	41.92
广东	1889.03	1578.26	310.77	19.69
广西	1454.13	1165.39	288.74	24.78
海南	1668.37	1383.76	284.61	20.57
重庆	1185.12	852.45	332.67	39.03
四川	824.44	558.50	265.95	47.62
贵州	1018.01	647.83	370.18	57.14
云南	904.32	706.50	197.83	28.00
西藏	275.08	266.70	8.38	3.14
陕西	737.67	521.13	216.54	41.55
甘肃	172.89	105.72	67.17	63.54
青海	247.86	223.28	24.58	11.01
宁夏	300.51	173.61	126.90	73.09
新疆	185.10	158.66	26.44	16.67
全国	661.56	510.01	151.55	29.71

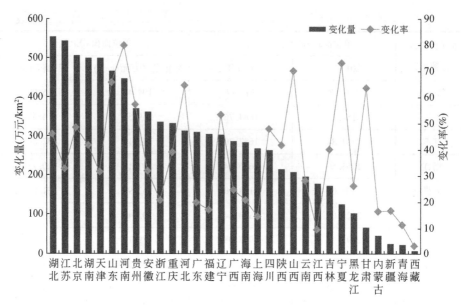

图 6-20　2000～2015 年各省（自治区、直辖市）单位面积 GEP 变化

6.6.3　人均 GEP 变化

从人均 GEP 变化来看，全国人均 GEP 增长了 7474.54 元，增幅为 19.60%。河北、山西、辽宁、吉林、黑龙江、江苏、安徽、山东、河南、湖北、湖南、广西、重庆、四川、贵州、陕西、甘肃和宁夏 18 个省（自治区、直辖市）的人均 GEP 增幅均超过全国均值。其中，河南、贵州、甘肃、山东、山西 5 个省的人均 GEP 增幅均在 50% 以上。

而北京、天津、上海、江西、广东、西藏、青海和新疆的人均 GEP 呈下降趋势（表 6-7 和图 6-21）。

表 6-7　2000～2015 年各省（自治区、直辖市）人均生态系统生产总值变化

省（自治区、直辖市）	人均 GEP（元）		人均 GEP 变化	
	2015 年	2000 年	变化量（元）	变化率（%）
北京	11 751.96	12 608.00	−856.04	−6.79
天津	15 714.06	18 450.57	−2 736.51	−14.83

续表

省（自治区、直辖市）	人均 GEP（元）		人均 GEP 变化	
	2015 年	2000 年	变化量（元）	变化率（%）
河北	20 303.39	13 736.52	6 566.87	47.81
山西	21 581.22	14 328.01	7 253.21	50.62
内蒙古	151 857.79	138 256.38	13 601.42	9.84
辽宁	29 185.18	19 944.56	9 240.61	46.33
吉林	41 728.55	30 582.66	11 145.89	36.45
黑龙江	60 090.90	47 759.32	12 331.57	25.82
上海	7 093.52	9 314.80	−2 221.28	−23.85
江苏	28 163.31	23 070.88	5 092.44	22.07
浙江	37 030.98	36 302.28	728.69	2.01
安徽	34 234.12	26 173.26	8 060.86	30.80
福建	67 696.61	65 280.27	2 416.34	3.70
江西	76 460.37	76 936.45	−476.07	−0.62
山东	18 688.87	12 347.76	6 341.10	51.35
河南	17 646.44	9 806.77	7 839.67	79.94
湖北	55 922.30	39 721.67	16 200.63	40.79
湖南	52 872.61	38 509.69	14 362.92	37.30
广东	30 894.13	32 373.53	−1 479.40	−4.57
广西	71 709.38	58 014.65	13 694.73	23.61
海南	92 141.34	88 239.79	3 901.55	4.42
重庆	32 362.88	24 651.05	7 711.84	31.28
四川	48 851.17	32 596.24	16 254.93	49.87
贵州	50 784.66	30 373.35	20 411.30	67.20
云南	73 077.33	63 835.65	9 241.69	14.48
西藏	1 020 919.2	1 243 048.3	−222 129.07	−17.87
陕西	39 975.92	29 395.79	10 580.14	35.99
甘肃	28 290.79	17 884.00	10 406.79	58.19
青海	293 658.58	300 863.55	−7 204.97	−2.39
宁夏	23 374.08	16 282.38	7 091.70	43.55
新疆	127 981.10	140 014.75	−12 033.65	−8.59
全国	45 610.81	38 136.27	7 474.54	19.60

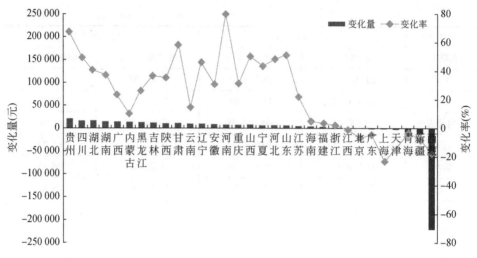

图 6-21　2000～2015 年各省（自治区、直辖市）人均 GEP 变化

6.6.4　GEP 三大功能价值变化

从表6-8可见GEP三大服务功能价值的变化。在全国整体上，物质产品、调节服务和文化服务均表现出增长趋势，其中文化服务价值增长幅度最大，为778.41%，物质产品功能价值增长幅度为168.28%，而调节服务价值，16年间增长了6.07%。

从各省（自治区、直辖市）物质产品价值的变化来看，30个省（自治区、直辖市）在16年间物质产品价值均表现出不同程度增加，其中增幅最大的为黑龙江，达到301.57%，其次是贵州、陕西、云南和新疆，16年间增幅分别为280.49%、272.70%、270.14%和265.34%。上海的物质产品价值略有下降，减幅为19.23%（图6-22）。

从各省（自治区、直辖市）文化服务价值的变化来看，全国各省（自治区、直辖市）文化服务价值表现为不同程度增加，其中增加幅度最大的为西藏，16年间增加235.9亿元，增幅为5133.99%，其次是内蒙古、贵州和甘肃，16年间增幅分别为3297.50%、2965.84%和2543.54%。增加最少的是上海，16年间的增幅仅为93.52%（图6-23）。

表 6-8　2000～2015 年各省（自治区、直辖市）物质产品、调节服务与文化服务价值变化

省（自治区、直辖市）	物质产品				调节服务				文化服务			
	2015 年（亿元）	2000 年（亿元）	变化量（亿元）	变化率（%）	2015 年（亿元）	2000 年（亿元）	变化量（亿元）	变化率（%）	2015 年（亿元）	2000 年（亿元）	变化量（亿元）	变化率（%）
北京	420.17	248.68	67.66	19.19	994.74	996.42	-111.09	-10.05	1 136.44	184.40	875.05	334.76
天津	482.55	178.60	229.39	90.61	1 267.43	1 390.99	-169.62	-11.80	680.98	110.54	524.29	334.60
河北	5 780.12	1 657.55	3 430.52	146.00	7 397.09	6 206.17	804.70	12.21	1 898.05	159.27	1 672.28	740.71
山西	1 510.41	375.53	978.10	183.74	4 480.27	3 651.54	446.74	11.08	1 916.66	60.99	1 830.21	2 116.97
内蒙古	2 821.97	586.85	1 990.10	239.23	33 361.90	29 682.09	1 456.69	4.57	1 947.61	40.44	1 890.29	3 297.50
辽宁	4 609.47	1 081.65	3 076.21	200.63	7 208.19	5 839.44	646.37	9.85	971.29	176.18	721.56	288.93
吉林	2 917.49	697.79	1 928.36	194.96	7 301.76	6 210.30	146.78	2.05	1 268.62	41.03	1 210.45	2 081.02
黑龙江	5 046.91	886.61	3 790.13	301.57	16 672.33	15 138.63	-37.29	-0.22	1 187.41	152.08	971.84	450.82
上海	485.35	423.91	-115.55	-19.23	437.35	447.19	-52.08	-10.64	790.38	288.13	381.96	93.52
江苏	7 352.05	2 282.09	4 117.16	127.27	12 804.28	11 430.69	-555.17	-4.16	2 306.73	218.48	1 997.04	644.85
浙江	3 200.11	1 272.06	1 396.95	77.47	15 543.68	12 868.25	583.98	3.90	1 767.67	159.86	1 541.06	680.05
安徽	4 512.28	1 345.88	2 604.47	136.52	14 296.17	11 811.14	425.15	3.07	2 224.99	118.90	2 056.45	1 220.15
福建	4 066.88	1 286.47	2 243.30	123.02	20 357.75	17 079.28	179.20	0.89	1 564.10	182.32	1 305.65	505.20
江西	3 055.83	934.74	1 730.82	130.63	29 843.39	25 762.74	-607.45	-1.99	2 012.58	102.35	1 867.50	1 287.23
山东	9 265.64	2 445.09	5 799.69	167.33	7 426.15	6 878.66	-14.75	-0.20	1 711.15	143.69	1 507.47	740.11
河南	7 575.94	2 142.68	4 538.67	149.43	6 368.09	5 250.22	489.02	8.32	2 784.81	273.95	2 396.48	617.13

省（自治区、直辖市）	物质产品				调节服务				文化服务			
	2015年（亿元）	2000年（亿元）	变化量（亿元）	变化率（%）	2015年（亿元）	2000年（亿元）	变化量（亿元）	变化率（%）	2015年（亿元）	2000年（亿元）	变化量（亿元）	变化率（%）
湖北	6 401.40	1 510.15	4 260.74	199.04	23 973.27	17 215.74	3 989.89	19.97	2 351.05	213.62	2 048.24	676.40
湖南	5 927.92	1 525.82	3 765.06	174.08	27 889.73	19 302.70	4 928.63	21.47	2 045.84	103.07	1 899.74	1 300.32
广东	6 008.80	2 066.13	3 080.04	105.17	24 781.76	20 826.48	134.05	0.54	2 726.48	300.97	2 299.85	539.08
广西	4 637.88	1 068.14	3 123.78	206.31	28 000.78	22 195.74	2 116.57	8.18	1 753.16	116.02	1 588.71	966.05
海南	1 305.97	336.71	828.68	173.62	6 776.77	5 769.55	369.78	5.77	311.34	54.91	233.50	299.96
重庆	1 946.11	514.14	1 217.31	167.03	6 610.49	5 278.71	469.85	7.65	1 207.28	108.39	1 053.63	685.76
四川	7 909.55	1 747.08	5 433.05	219.38	26 719.10	21 040.87	2 487.47	10.27	5 448.85	311.30	5 007.57	1 134.79
贵州	3 142.01	582.55	2 316.24	280.49	11 679.13	8 680.51	1 197.98	11.43	3 105.84	71.47	3 004.54	2 965.84
云南	4 522.17	861.89	3 300.43	270.14	27 375.10	21 682.98	1 849.88	7.25	2 756.00	229.79	2 430.27	746.08
西藏	174.55	59.90	89.64	105.58	32 662.74	28 134.40	681.59	2.13	240.50	3.24	235.90	5 133.99
陕西	2 815.16	532.87	2 059.81	272.70	10 724.50	8 864.52	927.27	9.46	1 623.20	112.34	1 463.96	919.31
甘肃	1 790.76	435.43	1 173.53	190.13	4 699.70	3 318.55	851.84	22.14	865.14	23.09	832.42	2 543.54
青海	519.59	128.71	337.14	184.79	16 529.54	13 920.22	1 174.94	7.65	217.99	12.41	200.40	1 138.93
宁夏	488.68	99.05	348.27	248.04	930.66	706.29	185.16	24.84	142.05	11.39	125.91	780.10
新疆	2 970.84	573.65	2 157.68	265.34	26 358.24	23 382.56	1 394.10	5.58	874.46	78.61	763.03	684.76
全国	113 664.58	29 888.43	71 297.39	168.28	461 472.07	380 963.58	26 390.21	6.07	51 838.68	4 163.23	45 937.25	778.41

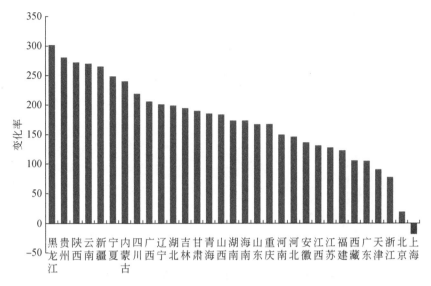

图6-22　2015年各省（自治区、直辖市）物质产品价值变化率（单位:%）

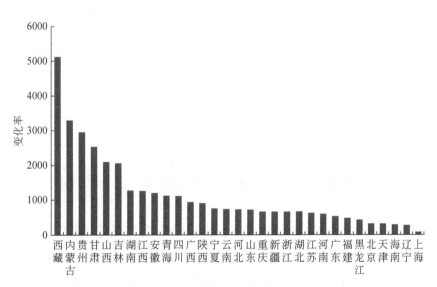

图6-23　2015年各省（自治区、直辖市）文化服务价值变化率（单位:%）

从各省（自治区、直辖市）调节服务价值的变化来看，各省（自治区、直辖市）增减不一。其中调节价值增加的省（自治区、直辖市）有24个，增幅最大的为宁夏，16年间增加185.16亿元，增幅为24.84%，其次是甘肃、湖南、湖北和河北，16年间增幅分别为

22.14%、21.47%、19.97% 和 12.21%。山东、黑龙江、江西、江苏、北京、上海和天津 7 个省（直辖市）的调节服务价值下降，下降较多的是北京、上海和天津，16 年间的降幅分别为 10.05%、10.64% 和 11.80%（图 6-24）。

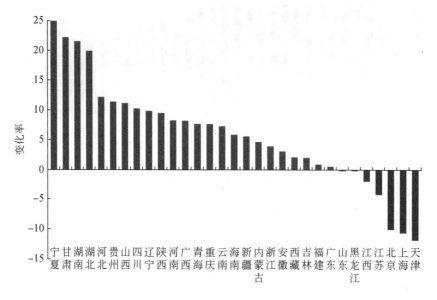

图 6-24　2015 年各省（自治区、直辖市）调节服务价值变化率（单位:%）

6.6.5　生态系统生产总值单项指标变化

生态系统生产总值由三大类 11 项指标构成，其中 GEP、物质产品价值和文化服务价值在 16 年间均表现出大幅度增加的趋势，仅调节服务功能在各省（自治区、直辖市）表现出升降不一（表 6-9）。

9 项调节服务均呈增加趋势，增幅较大的是洪水调蓄功能和固碳释氧功能，价值增量分别为 14 075.65 亿元和 2983.15 亿元，增幅分别为 28.9% 和 28.7%（图 6-25）。

从各省（自治区、直辖市）的 9 个调节服务功能指标价值量变化（图 6-26）来看，各省（自治区、直辖市）的大部分功能指标均表现

表6-9　2000～2015年各省（自治区、直辖市）生态系统生产总值各指标变化

省（自治区、直辖市）	物质产品		水源涵养		土壤保持		防风固沙		洪水调蓄		空气净化		水质净化		固碳释氧		气候调节		病虫害控制		休闲旅游		GDP合计	
	变化量	变化率	变化量	变化率	变化量	变化率	变化量	变化率	变化量	变化率	变化量	变化率	变化量	变化率	变化量	变化率	变化量	变化率	变化量	变化率	变化量	变化率	变化量	变化率
北京	19.19	19.19	22.77	33.3	0.18	1.0	-1.79	-13.2	-107.45	-43.0	5.38	18.3	-0.31	-34.2	-3.69	-8.9	-27.79	-4.06	1.62	748.9	875.05	334.76	831.62	48.36
天津	90.61	90.61	-11.03	-17.2	0.02	1.7	—	—	-4.00	-5.0	0.28	13.6	-0.57	-13.2	4.82	77.8	-161.28	-12.61	2.13	9696.4	524.29	334.60	584.06	31.62
河北	146.00	146.00	77.96	17.9	1.52	1.2	-4.73	-6.0	-0.84	-0.1	-2.21	-1.0	1.81	33.8	182.77	232.6	541.17	10.86	7.24	81.6	1672.28	740.71	5907.51	64.44
山西	183.74	183.74	171.72	27.3	10.14	2.6	-2.67	-3.5	99.06	75.6	0.31	0.2	0.03	1.7	146.25	115.5	24.96	1.00	-3.05	-40.6	1830.21	2116.97	3255.05	69.97
内蒙古	239.23	239.23	552.39	10.7	1.64	0.8	351.97	9.6	135.51	8.2	5.53	0.6	-2.31	-2.4	714.61	184.2	-304.54	-1.54	1.89	8.8	1890.29	3297.50	5337.08	16.27
辽宁	200.63	200.63	26.81	2.2	1.09	0.5	-12.89	-4.3	337.51	39.2	0.52	0.2	-0.64	-5.7	335.35	331.9	-58.46	-1.67	17.08	189.2	721.56	288.93	4444.14	53.26
吉林	194.96	194.96	69.62	4.5	0.62	0.4	4.08	1.3	-105.26	-8.5	5.75	1.2	-1.98	-11.7	314.00	144.6	-140.94	-4.47	0.88	19.9	1210.45	2081.02	3285.60	40.06
黑龙江	301.57	301.57	43.57	1.9	0.70	0.4	-10.62	-8.1	-140.12	-6.0	6.51	0.6	-5.48	-5.7	413.24	127.1	-325.67	-3.20	-19.44	-69.0	971.84	450.82	4724.68	25.99
上海	-19.23	-19.23	-40.92	-47.3	0.00	0.9	—	—	0.98	2.0	0.78	47.5	-0.12	-7.4	-2.58	-39.4	-10.43	-3.04	—	—	381.96	93.52	214.33	14.30
江苏	127.27	127.27	-138.92	-13.0	0.17	1.0	—	—	-296.84	-5.5	4.51	23.5	-1.19	-3.8	47.99	53.8	-174.41	-2.58	3.52	1068.9	1997.04	644.85	5559.03	32.89
浙江	77.47	77.47	-126.51	-2.7	2.72	0.4	—	—	340.26	19.6	9.75	2.9	-0.26	-2.2	299.82	853.0	55.95	0.74	2.25	91.2	1541.06	680.05	3521.99	20.73
安徽	136.52	136.52	-409.10	-12.8	1.84	0.3	—	—	644.01	19.6	4.34	2.1	-0.05	-0.3	125.42	74.1	51.26	0.77	7.44	95.3	2056.45	1220.15	5086.08	31.89
福建	123.02	123.02	87.40	1.3	3.14	-0.1	—	—	-374.17	-14.1	8.60	1.7	-0.04	-1.0	399.71	76.9	49.95	0.55	4.61	93.0	1305.65	505.20	3728.16	16.75
江西	130.63	130.63	-395.58	-4.5	-0.60		—	—	-46.74	-0.8	-11.02	-1.9	0.12	0.7	-25.29	-10.2	-127.41	-0.91	-0.94	-13.2	1867.50	1287.23	2990.87	9.37
山东	167.33	167.33	30.96	5.9	1.36	2.1	—	—	108.95	8.8	4.12	4.0	-1.24	-8.8	144.92	225.7	-323.73	-5.97	19.91	1861.8	1507.47	740.11	7292.41	65.64
河南	149.43	149.43	44.83	8.3	2.34	1.5	—	—	-110.63	-8.5	2.68	2.2	1.36	24.9	176.06	119.4	355.93	9.87	16.46	233.0	2396.48	617.13	7424.17	79.79
湖北	199.04	199.04	-318.33	-6.7	1.81	0.6	—	—	3960.32	98.5	-11.80	-3.1	0.39	1.4	344.21	102.0	8.96	0.09	4.33	54.5	2048.24	676.40	10298.87	45.92
湖南	174.08	174.08	-383.20	-4.5	2.93	0.5	—	—	4827.36	167.9	7.73	1.5	0.09	0.6	412.46	102.0	51.22	0.51	10.04	202.0	1899.74	1300.32	10593.43	41.92
广东	105.17	105.17	-209.31	-2.5	3.61	0.4	—	—	65.42	2.0	-1.06	-0.2	-0.42	-2.4	335.36	166.7	-51.19	-0.46	-8.34	-61.4	2299.85	539.08	5513.94	19.69

续表

省（自治区、直辖市）	物质产品		水源涵养		土壤保持		防风固沙		洪水调蓄		空气净化		水质净化		固碳释氧		气候调节		病虫害控制		休闲旅游		GEP合计	
	变化量	变化率	变化量	变化率	变化量	变化率	变化量	变化率	变化量	变化率	变化量	变化率	变化量	变化率	变化量	变化率	变化量	变化率	变化量	变化率	变化量	变化率	变化量	变化率
广西	206.31	206.31	14.17	0.2	1.22	0.1	—	—	2 087.07	106.6	5.45	0.7	0.45	5.8	-57.96	-12.0	66.04	0.52	0.14	3.7	1 588.71	966.05	6 829.06	24.78
海南	173.62	173.62	95.52	6.9	0.71	0.5	—	—	21.12	3.5	4.92	3.9	0.14	7.0	45.50	321.9	203.93	4.94	-2.07	-90.1	233.50	299.96	1 431.96	20.57
重庆	167.03	167.03	68.54	3.2	2.19	0.9	—	—	138.70	41.3	4.88	2.4	0.64	25.5	92.65	37.0	158.86	5.35	3.40	65.0	1 053.63	685.76	2 740.80	39.03
四川	219.38	219.38	1 023.37	12.0	12.01	1.0	0.05	8.3	453.98	56.0	16.94	1.9	0.36	1.9	796.18	1 114.4	189.49	1.50	-4.90	-17.8	5 007.57	1 134.79	12 928.09	47.62
贵州	280.49	280.49	614.54	13.7	5.06	1.3	—	—	317.54	41.5	17.08	4.6	0.41	19.0	34.34	5.9	202.08	5.20	6.93	445.3	3 004.54	2 965.84	6 518.75	57.14
云南	270.14	270.14	947.88	9.6	8.26	0.6	—	—	1 062.86	176.8	-1.12	-0.1	1.34	22.7	-437.20	-33.3	263.75	2.36	4.11	26.3	2 430.27	746.08	7 580.57	28.00
西藏	105.58	105.58	1 820.14	21.1	14.34	2.5	93.82	74.2	121.66	6.3	0.03	0.0	5.10	5.0	-2 121.28	-90.3	740.98	4.18	6.81	—	235.90	5 133.99	1 007.14	3.14
陕西	272.70	272.70	286.54	15.3	27.23	4.3	12.53	8.6	214.29	51.3	4.14	1.2	0.09	3.6	230.61	108.9	151.32	2.45	0.52	4.7	1 463.96	919.31	4 451.04	41.55
甘肃	190.13	190.13	400.37	34.3	31.88	9.8	69.58	82.1	41.53	18.5	2.08	1.5	0.28	6.1	240.73	606.6	66.92	3.61	-1.54	-19.3	832.42	2 543.54	2 857.78	63.54
青海	184.79	184.79	959.05	34.1	2.64	2.0	39.96	46.1	46.33	3.0	0.30	0.6	1.97	2.2	8.38	3.7	191.58	1.85	-75.26	-98.3	200.40	1 138.93	1 712.48	11.01
宁夏	248.04	248.04	62.38	120.3	4.37	17.3	27.65	48.7	22.45	73.2	0.41	5.2	0.10	9.8	17.16	68.9	48.70	8.96	1.93	58.6	125.91	780.10	659.34	73.09
新疆	265.34	265.34	139.17	3.6	0.19	0.3	16.69	0.6	214.80	57.5	16.12	9.0	4.07	10.3	-231.38	-17.3	214.66	7.37	19.79	131.9	763.03	684.76	4 314.81	16.67
全国	168.28	168.28	5 526.79	4.91	145.35	1.2	583.66	7.6	14 075.65	28.9	111.94	1.0	4.17	0.6	2 983.15	28.7	2 931.84	1.27	27.67	9.0	45 937.25	778.41	143 624.84	29.71

注：变化量单位为亿元，变化率单位为%

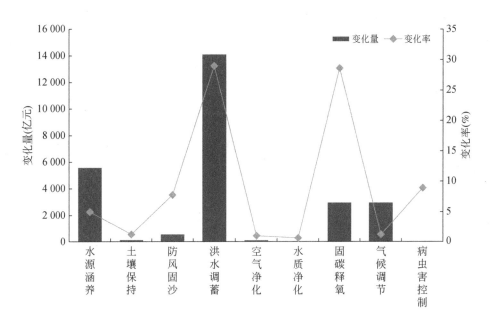

图 6-25　2015 年全国各调节服务功能价值变化

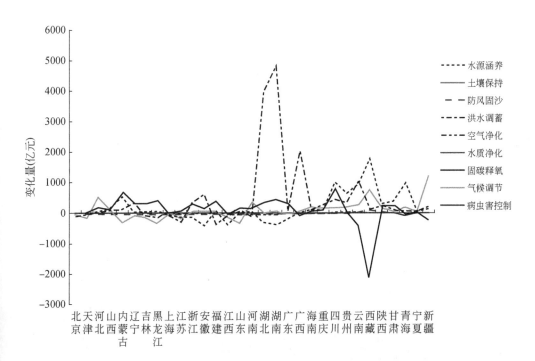

图 6-26　2015 年各省（自治区、直辖市）不同调节服务功能价值变化量

为不同程度增加。各个功能指标中绝对量增加最大的是洪水调蓄功能，其中，湖南的洪水调蓄价值 16 年间增加了 4827.36 亿元，增幅为 167.9%；湖北的洪水调蓄价值 16 年间增加了 3960.32 亿元，增幅为 98.5%。而同时也有部分省（自治区、直辖市）的部分功能指标呈现出不同程度下降，其中绝对量降低最多的是西藏的固碳释氧功能，降低了 2121.28 亿元，降幅为 90.3%；其次是云南的固碳释氧功能，降低了 437.2 亿元，降幅为 33.3%。

| 7 | 生态系统生产总值核算案例研究

为了从国家、省、市、县 4 个尺度明确最终生态系统产品和服务类型（调节服务和文化服务），建立生态系统生产总值核算的指标体系，在全国选择不同生态地理区的省、市、县级单元（贵州省、青海省、内蒙古自治区，浙江省丽水市、江西省抚州市、广东省深圳市、吉林省通化市、贵州省黔东南苗族侗族自治州、内蒙古自治区兴安盟、四川省甘孜藏族自治州，内蒙古自治区阿尔山市、贵州省习水县、云南省峨山彝族自治县和屏边苗族自治县、浙江省德清县等），针对生态系统生产总值核算方法、生态资产核算方法和生态资产投资核算方法开展案例示范研究。

研究案例中，基于 2015 年可比价核算的生态系统生产总值最高的案例区为内蒙古自治区，达到 39 350.65 亿元。地级案例区中四川省甘孜州生态系统生产总值最高，为 9076.30 亿元，其次是浙江省丽水市和贵州省黔东南州，分别为 4748.88 亿元和 4136.34 亿元。县级案例区包括内蒙古阿尔山市、贵州省习水县、云南省的屏边县和峨山县、浙江省德清县，其中浙江省德清县生态系统生产总值最高，达到 1200.91 亿元。

基于 2015 年可比价的单位面积生态系统生产总值最高的案例区为浙江省德清县，达 12 802.89 万元/km²；其次是广东省深圳市，单位面积 GEP 为 7800.01 万元/km²；其他案例区中丽水市、黔东南州及贵州省的单位面积 GEP 较高（图 7-1）。

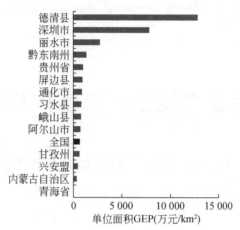

图 7-1　各核算案例区单位面积 GEP

基于 2015 年可比价的人均生态系统生产总值最高的案例区为阿尔山市，达到 972 214.29 元；其次是甘孜州，为 823 544.7 元（图 7-2）。

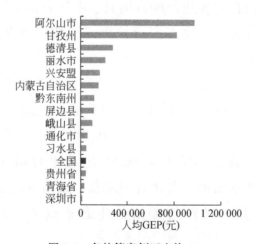

图 7-2　各核算案例区人均 GEP

从各案例区基于 2015 年可比价核算的生态系统生产总值与当年国内生产总值的比值（GEP∶GDP）来看，甘孜州的比值最高，达到 42.56 倍；其他各案例区除青海、深圳外，均高于全国 GEP∶GDP（图 7-3）。

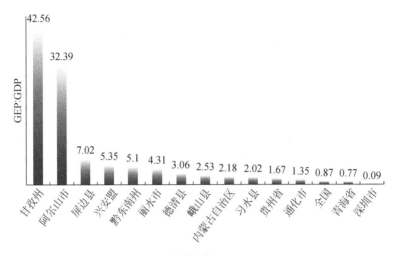

图 7-3 各核算案例区 GEP∶GDP

2000～2015 年，各研究案例区中（图 7-4～图 7-7，表 7-1，表 7-2），除兴安盟外，其他案例区的生态系统生产总值均有所增加（图 7-4）。其中，增幅最大的是青海省，其次是贵州省黔东南州，增幅分别为 74.9% 和 60.62%，高于全国 GEP 的增幅（图 7-5）。

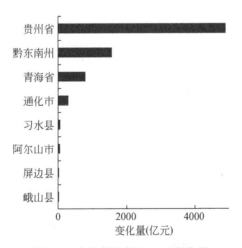

图 7-4 各核算案例区 GEP 变化量

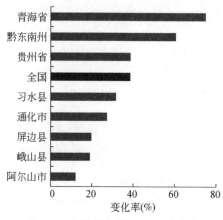

图 7-5　各核算案例区 GEP 变化率

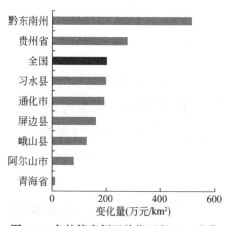

图 7-6　各核算案例区单位面积 GEP 变化

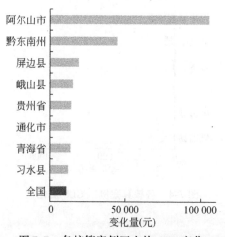

图 7-7　各核算案例区人均 GEP 变化

表 7-1 各核算案例区生态系统生产总值（GEP）（2015 年可比价）

| 核算案例区 | GEP（亿元） | 物质产品 | | 调节服务 | | 文化服务 | | 单位面积 GEP（万元/km²） | 人均 GEP（元） | GEP : GDP |
		价值量（亿元）	比例（%）	价值量（亿元）	比例（%）	价值量（亿元）	比例（%）			
贵州省	17 578.95	2 375.71	13.51	13 416.67	76.32	1 786.57	10.16	997.86	43 605.50	1.67
青海省	1 853.15	1 198.00	64.65	439.15	23.70	216.00	11.66	25.67	31 507.57	0.77
内蒙古自治区	39 350.65	3 062.43	7.78	32 110.60	81.60	4 177.62	10.62	332.63	156 710.57	2.18
吉林省通化市	1 399.46	193.12	13.80	914.11	65.32	292.23	20.88	891.48	60 185.20	1.35
贵州省黔东南州	4 136.34	270.02	6.53	2 704.75	65.39	1 161.57	28.08	1 363.46	118 676.29	5.1
内蒙古兴安盟	2 685.03	245.95	9.16	2 334.38	86.94	104.70	3.90	445.17	167 032.00	5.35
四川省甘孜州	9 067.30	725.98	8.01	8 260.20	91.10	81.11	0.89	627.02	823 544.68	42.56
浙江省丽水市	4 748.88	153.93	3.24	3 458.71	72.83	1 136.24	23.93	2 745.02	215 956.47	4.31
广东省深圳市	1 558.03	66.15	4.25	886.11	56.87	605.77	38.88	7 800.01	11 960.37	0.09
内蒙古阿尔山市	544.44	15.29	2.81	482.05	88.54	47.10	8.65	734.87	972 214.29	32.39
贵州省习水县	257.93	37.26	14.45	207.41	80.41	13.26	5.14	824.57	49 793.44	2.02
云南省屏边县	180.79	13.91	7.69	153.62	84.97	13.26	7.33	948.53	115 891.00	7.02
云南省峨山县	157.77	18.87	11.96	118.43	75.07	20.47	12.97	800.05	103 848.70	2.53
浙江省德清县	1 200.91	38.44	3.20	742.67	61.84	419.80	34.96	12 802.89	279 281.68	3.06
全国	626 975.33	113 664.58	18.13	461 472.07	73.60	51 838.68	8.27	661.56	45 610.81	0.87

表7-2　核算案例区生态系统生产总值（GEP）2000～2015年变化

核算案例区	GEP变化量 （亿元）	单位面积GEP变化 （万元/km²）	人均GEP变化 （元）	GEP变化率 （%）
贵州省	4 902.66	278.30	13 890.52	38.68
青海省	793	10.98	13 476.54	74.9
吉林省通化市	300.27	192.48	13 580.73	27.32
贵州省黔东南州	1 561.11	514.59	44 789.98	60.62
内蒙古兴安盟	-1.18	-0.20	-73.79	-0.04
内蒙古阿尔山市	58.96	79.58	105 285.71	12.14
贵州省习水县	62.09	198.50	11 986.49	31.70
云南省屏边县	29.79	161.53	19 120.67	19.73
云南省峨山县	25.34	128.50	15 029.66	19.13
全国	143 624.84	151.55	7 474.54	29.71

7.1　青海省 GEP 核算试点

7.1.1　青海省概况

青海省位于中国西部，雄踞世界屋脊"青藏高原"的东北部。与甘肃、四川、西藏、新疆接壤，是中国青藏高原上的重要省份之一。总面积为70万km²，人口为583万人。现辖西宁市、海东市2个地级市和玉树藏族自治州、海西蒙古族藏族自治州、海北藏族自治州、海南藏族自治州、黄南藏族自治州、果洛藏族自治州6个民族自治州，共48个行政单元。

青海省内草地面积最大，约37.74万km²，占全省面积的54.19%，湿地面积约4.85万km²，占全省面积的6.97%，裸地及沙漠面积约22.57万km²，占全省面积的32.41%。

青海省具有丰富的野生动植物资源，国家重点保护的野生动物74

种，省级保护动物 36 种。水资源丰富，是长江、黄河、澜沧江的发源地，有"江河源"之称，又称为"三江源"，素有"中华水塔"之美誉，水量充沛，境内中国第一大内陆湖——青海湖，是青海省重要的渔业基地。全省已建立国家级、省级自然保护区 11 个，包括三江源、青海湖、可可西里、隆宝、孟达、柴达木梭梭林、大通北川河源区 7 个国家级自然保护区，格尔木胡杨林、德令哈可鲁克湖-托素湖湿地、诺木洪、祁连山 4 个省级自然保护区。森林公园 18 个，其中国家级 7 处，省级 11 处，拥有森林、湿地、草地、沙漠等自然景观。

青海省生态区位重要，生态系统水源涵养、生物多样性保护、防风固沙等服务功能巨大，是我国重要的生态功能区与国家生态安全屏障。

7.1.2 青海省生态系统生产总值核算方法

根据青海省生态区位重要性和生态产品特殊性，与第 3 章"生态系统生产总值核算方法"部分介绍的指标和方法相比，在青海省生态系统生产总值核算时，结合国内外研究前沿和热点问题，基于"服务—效益"链条，从受益分析的角度对核算指标和方法进行了学术性创新研究。指标体系构建方面，建立了包括农业产品、林业产品、畜牧业产品、渔业产品、花卉苗木产品、水资源供给 6 项物质产品，洪水调蓄、土壤保持、水体净化、空气净化、防风固沙、碳固定 6 项调节服务及休闲旅游 1 项非物质服务的青海省 GEP 核算指标体系。

评估方法方面，一方面在核算物质产品价值的时候，为了核算自然生态资产产生的生态系统产品和服务流量对人类福祉的贡献，突出强调自然系统投入的贡献率，剔除人工投入的因素；另一方面在定价时尽量使用与人类福祉相关并且在实际生活中广泛应用的价格参数，突出强调自然系统对人类的惠益；同时对青海省提供的各项生态产品进行利益相关者分析，尤其是运用生态系统服务流的思路对青海省提供的水资源、防风固沙、洪水调蓄、土壤保持、水体净化和休闲旅游等服务在下游地区的受益者范围与不同地区的受益价值进行分析。

基于"服务—效益"链条开展青海省生态系统生产总值核算指标体系和技术方法研究的具体内容如下。

7.1.2.1 农林牧渔和苗木产品供给

1）功能量评估模型

为了核算自然对人类的贡献和人类从自然所受到的惠益，剔除劳动力、机械等的贡献力，本研究将农业产品、林业产品、畜牧业产品、渔业产品和花卉苗木产品的功能量定义为生态系统在生产和提供生态产品时自然对人类的贡献力，以该类型产品的产量与自然贡献率的乘积作为物质产品提供的功能量，产品产量可以直接从国民经济核算体系获得。评估方法如下：

$$Q_a = Q_{ya} \times F_{na}$$
$$Q_h = Q_{yh} \times F_{nh}$$
$$Q_n = Q_{yn} \times F_{nn}$$
$$Q_{forestry} = Q_{yforestry} \times F_{nforestry}$$
$$Q_{fishery} = Q_{yfishery} \times F_{nfishery}$$

式中，Q_a 为农业物质产品供给量（t/a）；Q_h 为畜牧业物质产品供给量（t/a）；Q_n 为花卉苗木物质产品供给量（t/a）；$Q_{forestry}$ 为林业物质产品供给量（t/a）；$Q_{fishery}$ 为渔业物质产品供给量（t/a）；Q_{ya} 为农业物质产品产量（t/a）；Q_{yh} 为畜牧业物质产品产量（t/a）；Q_{yn} 为花卉苗木物质产品产量（t/a）；$Q_{yforestry}$ 为林业物质产品产量（t/a）；$Q_{yfishery}$ 为渔业物质产品产量（t/a）；F_{na} 为自然生态系统对农业物质产品产量的贡献率（%）；F_{nh} 为自然生态系统对畜牧业物质产品产量的贡献率（%）；F_{nn} 为自然生态系统对花卉苗木物质产品产量的贡献率（%）；$F_{nforestry}$ 为自然生态系统对林业物质产品产量的贡献率（%）；$F_{nfishery}$ 为自然生态系统对渔业物质产品产量的贡献率（%）。

2）价值量核算方法

生态系统提供的农林牧渔和花卉苗木等物质产品能够通过市场交易实现其价值，本研究将农业产品、林业产品、畜牧业产品、渔业产品和花卉苗木产品的价值量定义为生态系统在生产和提供生态产品时自然对人类的贡献力的价值，采用直接市场法以该类型产品的产值与自然贡献率的乘积作为物质产品提供的价值量，产品产值可以直接从国民经济核算体系获得。核算方法如下：

$$V_a = V_{ya} \times F_{na}$$

$$V_h = V_{yh} \times F_{nh}$$

$$V_n = V_{yn} \times F_{nn}$$

$$V_{forestry} = V_{yforestry} \times F_{nforestry}$$

$$V_{fishery} = V_{yfishery} \times F_{nfishery}$$

式中，V_a 为农业物质产品价值量（元/a）；V_h 为畜牧业物质产品价值量（元/a）；V_n 为花卉苗木物质产品价值量（元/a）；$V_{forestry}$ 为林业物质产品价值量（元/a）；$V_{fishery}$ 为渔业物质产品价值量（元/a）；V_{ya} 为农业物质产品产值（元/a）；V_{yh} 为畜牧业物质产品产值（元/a）；V_{yn} 为花卉苗木物质产品产值（元/a）；$V_{yforestry}$ 为林业物质产品产值（元/a）；$V_{yfishery}$ 为渔业物质产品产值（元/a）；F_{na} 为自然生态系统对农业物质产品产量的贡献率（%）；F_{nh} 为自然生态系统对畜牧业物质产品产量的贡献率（%）；F_{nn} 为自然生态系统对花卉苗木物质产品产量的贡献率（%）；$F_{nforestry}$ 为自然生态系统对林业物质产品产量的贡献率（%）；$F_{nfishery}$ 为自然生态系统对渔业物质产品产量的贡献率（%）。

7.1.2.2 水资源供给

1）功能量评估模型

水资源供给的功能量包括青海当地的工业用水量、居民用水量和上游向下游提供的工业用水量、居民用水量、农业用水量之和，以及当地和上游向下游提供的水资源的水力发电总量。评估方法如下：

$$Q_{WS} = Q_{LW} + Q_{DW}$$

$$Q_{HP} = Q_{LHP} + Q_{DHP}$$

式中，Q_{WS} 为水资源供给总量（m^3/a）；Q_{LW} 为当地用水量（m^3/a）；Q_{DW} 为上游为下游提供的用水量（m^3/a）；Q_{HP} 为水力发电总量（$kW \cdot h/a$）；Q_{LHP} 为当地水力发电总量（$kW \cdot h/a$）；Q_{DHP} 为上游向下游提供的水资源的水力发电总量（$kW \cdot h/a$）。

$$Q_{LW} = Q_{LI} + Q_{LD}$$

$$Q_{DW} = Q_{DI} + Q_{DD} + Q_{DA}$$

式中，Q_{LI} 为当地工业用水量（m^3/a）；Q_{LD} 为当地居民生活用水量（m^3/a）；Q_{DI} 为上游向下游提供的工业用水量（m^3/a）；Q_{DD} 为上游向下游提供的居民生活用水量（m^3/a）；Q_{DA} 为上游向下游提供的农业用水量（m^3/a）。

$$Q_{DI} = \sum_{i=1}^{n} Q_{iI} = \sum_{i=1}^{n} F_{iU} W_{iI}$$

$$Q_{DD} = \sum_{i=1}^{n} Q_{iD} = \sum_{i=1}^{n} F_{iU} W_{iD}$$

$$Q_{DA} = \sum_{i=1}^{n} Q_{iA} = \sum_{i=1}^{n} F_{iU} W_{iA}$$

$$Q_{DHP} = \sum_{j=1}^{n} Q_{jHP} = \sum_{j=1}^{m} F_{jU} E_{j}$$

式中，Q_{iI} 为上游向下游第 i 省提供的工业用水量（m^3/a）；Q_{iD} 为上游向下游第 i 省提供的居民生活用水量（m^3/a）；Q_{iA} 为上游向下游第 i 省提供的农业用水量（m^3/a）；Q_{jHP} 为上游向下游第 j 个水电站提供的水的发电量（$kW \cdot h/a$）；F_{iU} 为上游向下游第 i 省供给的水量占该省过境总水量的比例（%）；W_{iI} 为下游第 i 省工业用水总量（m^3/a）；W_{iD} 为下游第 i 省居民生活用水总量（m^3/a）；W_{iA} 为下游第 i 省农业用水总量（m^3/a）；F_{jU} 为上游向下游第 j 个水电站供给的水量占该水电站径流量的比例（%）；E_{j} 为下游第 j 个水电站的发电量（$kW \cdot h/a$）。

$$F_{iU} = \frac{W_{iU}}{W_{iT}}$$

$$F_{jU} = \frac{W_{jU}}{W_{jT}}$$

式中，W_{iU} 为上游向下游第 i 省供给的水量（m³/a）；W_{iT} 为下游第 i 省的过境水总量（m³/a）；W_{jU} 为上游向下游第 j 个水电站供给的水量（m³/a）；W_{jT} 为下游第 j 个水电站的径流量（m³/a）。

$$W_{iU} = W_{kU} \times (1 - R_{kL})^{l_{ki}}$$

$$W_{jU} = W_{kU} \times (1 - R_{kL})^{l_{kj}}$$

式中，W_{kU} 为上游在 k 流域的出境水量（m³/a）；R_{kL} 为 k 流域的河流流量损失率（%）；l_{ki} 为 k 流域下游第 i 省到上游出境处的距离（km）；l_{kj} 为 k 流域下游第 j 个水电站到 k 流域上游出境处的距离（km）。

2）价值量核算方法

水资源供给为当地和下游的生产生活提供了基础，创造了巨大的经济价值，主要包括当地和下游工业用水、生活用水的价值，下游农业用水生产的粮食的价值，以及当地和下游水力发电量的价值。这些价值都已经通过市场得以体现，本研究采用直接市场法核算水资源提供的价值量。核算方法如下：

$$V_{WS} = V_I + V_D + V_A + V_{HP}$$

式中，V_{WS} 为水资源供给的总价值量（元/a）；V_I 为工业用水价值（元/a）；V_D 为居民生活用水价值（元/a）；V_A 为农业用水价值（元/a）；V_{HP} 为水力发电的价值（元/a）。

工业用水的价值为工业用水量与工业用水单价的乘积：

$$V_I = Q_{LI} P_{LI} + \sum_{i=1}^{n} Q_{iI} P_{iI}$$

式中，Q_{LI} 为当地工业用水量（m³/a）；P_{LI} 为当地工业用水单价（元/m³）；Q_{iI} 为上游向下游第 i 省提供的工业用水量（m³/a）；P_{iI} 为下游第 i 省的工业用水单价（元/m³）。

居民生活用水的价值为居民生活用水量与居民用水单价的乘积：

$$V_D = Q_{LD} P_{LD} + \sum_{i=1}^{n} Q_{iD} P_{iD}$$

式中，Q_{LD} 为当地居民生活用水量（m³/a）；P_{LD} 为当地居民生活用水单价（元/m³）；Q_{iD} 为上游向下游第 i 省提供的居民生活用水量（m³/a）；P_{iD} 为下游第 i 省的居民生活用水单价（元/m³）。

农业用水的价值为农业用水带来的粮食增长量与粮食单价的乘积：

$$V_A = \sum_{i=1}^{N} Q_{iA} \times E_{iI} \times E_{CU} \times P_A \times F_A$$

式中，Q_{iA} 为上游向下游第 i 省提供的农业用水量（m³/a）；E_{iI} 为下游第 i 省的灌溉水利用效率（%）；E_{CU} 为粮食作物的水分利用率（kg/m³）；P_A 为粮食单价（元/kg）；F_A 为粮食生产的自然贡献率（%）。

水力发电的价值为当地发电量和上游向下游供水的发电量总和与电价的乘积：

$$V_{HP} = (Q_{LHP} + Q_{DHP}) \times P_E$$

式中，Q_{LHP} 为当地水力发电量（kW·h/a）；Q_{DHP} 为上游向下游提供的水的发电量（kW·h/a）；P_E 为电价 [元/（kW·h）]。

7.1.2.3 洪水调蓄

1）功能量评估模型

洪水调蓄量是指植被、湿地等生态系统在洪水季节吸纳、分散和蓄积的多余的水流量。本研究建立相关模型，分别评估大暴雨条件下青海省森林、草地等植被和湖泊、水库、沼泽等湿地生态系统蓄积的水流量，以蓄积的水流量为洪水调蓄的功能量，评估方法如下：

$$Q_{fm} = Q_{vfm} + Q_{lfm} + Q_{sfm} + Q_{rfm}$$

$$Q_{vfm} = \sum_{i=1}^{n} (P_h - R_{fi}) \times S_{iv} \times 10^{-3}$$

$$Q_{lfm} = P_h \times S_l$$

$$Q_{sfm} = P_h \times S_s$$

$$Q_{rfm} = P_h \times S_r$$

式中，Q_{fm} 为洪水调蓄功能量（m^3/a）；Q_{vfm} 为植被洪水调蓄量（m^3/a）；Q_{lfm} 为湖泊洪水调蓄量（m^3/a）；Q_{sfm} 为沼泽洪水调蓄量（m^3/a）；Q_{rfm} 为水库洪水调蓄量（m^3/a）；P_h 为青海省大暴雨产流降雨量（mm）；R_{fi} 为第 i 种自然植被生态系统的地表径流量（mm）；S_{iv} 为第 i 种自然植被生态系统的面积（km^2）；i 为自然植被生态系统类型，$i = 1, 2, \cdots,$ n；n 为自然植被生态系统类型数量（无量纲）；S_l 为湖泊生态系统的面积（km^2）；S_s 为沼泽生态系统的面积（km^2）；S_r 为水库的面积（km^2）。

2）价值量核算方法

青海省生态系统蓄积的暴雨水流可以有效减轻下游地区的洪涝灾害，降低经济损失。长江流域的洪涝灾害是一个严重的问题，本研究采用替代成本法，运用长江流域下游地区汛期的单位水量的平均洪涝灾害经济损失作为单价，以青海省洪水调蓄量可以减少的洪涝灾害经济损失量为洪水调蓄的价值量。核算方法如下：

$$V_{fm} = Q_{fm} \times C_{fd}$$

式中，V_{fm} 为洪水调蓄价值量（元/a）；Q_{fm} 为洪水调蓄功能量（m^3/a）；C_{fd} 为长江流域汛期单位水量的平均洪涝灾害经济损失（元/m^3）。

其中，关于单价，本研究基于 2006 ~ 2015 年长江干流相关站点汛期径流量与洪涝灾害经济损失的统计数据建立了如下相关模型：

$$Y_{fd} = -959.6 + 0.4692 \times Q_{fw} \quad (R^2 = 0.44)$$

式中，Y_{fd} 为长江流域多年平均洪涝灾害经济损失（元/a）；Q_{fw} 为长江干流汛期径流量（m^3/a）。

根据此模型可以发现，上游每增加 1 亿 m^3 的水流，下游的洪涝灾害经济损失增加 0.47 亿元。

7.1.2.4 土壤保持

1）功能量评估模型

土壤侵蚀会移除表层土壤和养分，降低土壤肥力。表层土壤进入河道中不仅会导致河道的泥沙淤积，氮、磷等养分扩散到水中还会导致水质下降。生态系统的土壤保持作用可以防止沉积物进入水体造成损害。本研究根据修正后的土壤流失方程（RUSLE）和 InVEST 模型中的土壤保持模块建立模型，以当前土地覆盖模式和土壤侵蚀控制措施（如梯田）条件下土壤侵蚀量与无植被覆盖条件下土壤侵蚀量之间的差值评估生态系统的土壤保持量。土壤保持和面源污染控制的功能量为减少泥沙淤积量、减少氮面源污染量、减少磷面源污染量。评估方法如下：

$$Q_{sr} = R \times K \times LS \times (1 - C \times P)$$
$$Q_{sd} = Q_{sr} \times \lambda$$
$$Q_{rN} = Q_{sr} \times \lambda \times c_N \times d_N$$
$$Q_{rP} = Q_{sr} \times \lambda \times c_P \times d_P$$

式中，Q_{sr} 为土壤保持量（t/a）；Q_{sd} 为减少泥沙淤积量（t/a）；Q_{rN} 为减少氮面源污染量（t/a）；Q_{rP} 为减少磷面源污染量（t/a）；R 为降雨侵蚀力因子 [MJ·mm/（hm²·h·a）]；K 为土壤可蚀性因子 [t·h/（MJ·mm）]；LS 为坡长坡度影响的地形因子（无量纲）；C 为植被覆盖因子（无量纲）；P 为工程控制措施因子（无量纲）；λ 为泥沙转移淤积系数（%）；c_N 为土壤中氮含量（%）；d_N 为土壤中氮向水中扩散的扩散率（%）；c_P 为土壤中磷含量（%）；d_P 为土壤中磷向水中扩散的扩散率（%）。

2）价值量核算方法

生态系统的土壤保持功能可以减少泥沙淤积和面源污染，从而降低河道清淤成本和污染物治理成本。土壤保持服务的价值量主要包括减少泥沙淤积的价值和减少面源污染的价值两个方面。本研究运用替代成本法，以降低的河道清淤成本和面源污染治理成本作为土壤保持服务的价值量。核算方法如下：

$$V_{sr} = V_{sd} + V_{rN} + V_{rP}$$

$$V_{sd} = Q_{sd}/\rho \times C_{sd}$$

$$V_{rN} = Q_{rN} \times C_{tN}$$

$$V_{rP} = Q_{rP} \times C_{tP}$$

式中，V_{sr} 为土壤保持价值（元/a）；V_{sd} 为减少泥沙淤积价值（元/a）；V_{rN} 为减少氮面源污染的价值（元/a）；V_{rP} 为减少磷面源污染的价值（元/a）；Q_{sd} 为减少泥沙淤积量（t/a）；ρ 为土壤容重（t/m³）；C_{sd} 为清淤工程成本单价（元/m³）；Q_{rN} 为减少氮面源污染量（t/a）；C_{tN} 为氮面源污染治理成本单价（元/t）；Q_{rP} 为减少磷面源污染量（t/a）；C_{tP} 为磷面源污染治理成本单价（元/t）。

7.1.2.5　水体净化

1）功能量评估模型

本研究主要是研究湿地生态系统的水体净化功能，沼泽、湖泊和河流生态系统可以通过过滤、吸收水体中的污染物，起到净化水体的作用。根据青海省的实际情况，本研究选取化学需氧量、氨氮和总磷三种污染物作为水体污染物净化的指标。对于不同的污染物，湿地生态系统有不同的净化阈值。根据核算区水体质量情况，如果污染物排放量超过生态系统自净能力造成明显的水体污染，则以生态系统的自净量作为水体净化服务的功能量；如果没有明显的水体污染，则以污染物排放量作为水体净化服务的功能量。评估方法如下：

$$Q_{jwp} = \mathrm{Min}\left[W_j, \sum_{i=1}^{I} A_i \, \mathrm{QW}_{ij}\right]$$

式中，Q_{jwp} 为第 j 类水体污染物的水体净化服务功能量（t/a）；W_j 为第 j 类水体污染物的排放量（t/a）；A_i 为第 i 类生态系统的面积（km²）；QW_{ij} 为单位面积第 i 类生态系统对第 j 类水体污染物的净化量（t/km²）；

j 为水体污染物种类，$j = 1$，2，3；i 为生态系统类型，$i = 1$，2，…，I；I 为生态系统类型数量（无量纲）。

2）价值量核算方法

征收排污费是治理污染的重要经济手段之一，国家发展和改革委员会根据当地实际情况在省级尺度制定了排污费征收标准。本研究采用替代成本法，以青海省水体污染物排污费征收价格为单价核算水质净化服务的价值量。核算方法如下：

$$V_{WP} = Q_{COD} \times C_{COD} + Q_{NH-N} \times C_{NH-N} + Q_{TP} \times C_{TP}$$

式中，V_{WP} 为水质净化服务价值量（元/a）；Q_{COD} 为化学需氧量的净化量(t/a)；C_{COD} 为化学需氧量的排污费征收价格（元/t）；Q_{NH-N} 为氨氮的净化量(t/a)；C_{NH-N} 为氨氮的排污费征收价格（元/t）；Q_{TP} 为总磷的净化量（t/a）；C_{TP} 为总磷的排污费征收价格（元/t）。

7.1.2.6 空气净化

1）功能量评估模型

本研究主要是研究自然植被生态系统对大气的净化功能，森林、灌丛和草地等生态系统可以通过过滤、吸收空气中的污染物，起到净化大气的作用。根据青海省的实际情况，本研究选取二氧化硫（SO_2）、氮氧化物（NO_x）和粉尘三种污染物作为空气污染物净化的指标。对于不同的污染物，自然植被生态系统有不同的净化阈值。根据核算区空气质量情况，如果污染物排放量超过生态系统自净能力造成明显的空气污染，则以生态系统的自净量作为空气净化服务的功能量；如果没有明显的空气污染，则以污染物排放量作为空气净化服务的功能量。评估方法如下：

$$Q_{jap} = \text{Min} \left[A_j, \sum_{i=1}^{I} A_i \, QA_{ij} \right]$$

式中，Q_{jap} 为第 j 类空气污染物的空气净化服务功能量（t/a）；A_j 为第 j 类空气污染物的排放量（t/a）；A_i 为第 i 类生态系统的面积（km^2）；

QA_{ij} 为单位面积第 i 类生态系统对第 j 类空气污染物的净化量（t/km^2）；j 为空气污染物种类，$j=1$，2，3；i 为生态系统类型，$i=1$，2，$\cdots$，I；I 为生态系统类型数量（无量纲）。

2）价值量核算方法

征收排污费是治理污染的重要经济手段之一，国家发展和改革委员会根据当地实际情况在省级尺度制定了排污费征收标准。本研究采用替代成本法，以青海省空气污染物排污费征收价格为单价核算水质净化服务的价值量。核算方法如下：

$$V_{AP} = Q_{SO_2} \times C_{SO_2} + Q_{NO_x} \times C_{NO_x} + Q_{PM} \times C_{PM}$$

式中，V_{AP} 为空气净化服务价值量（元/a）；Q_{SO_2} 为二氧化硫的净化量（t/a）；C_{SO_2} 为二氧化硫的排污费征收价格（元/t）；Q_{NO_x} 为氮氧化物的净化量（t/a）；C_{NO_x} 为氮氧化物的排污费征收价格（元/t）；Q_{PM} 为粉尘的净化量（t/a）；C_{PM} 为粉尘的排污费征收价格（元/t）。

7.1.2.7　防风固沙

1）功能量评估模型

防风固沙是指自然植被生态系统通过根系固定表层土壤，提高土壤表面抗风蚀能力，减少因大风天气导致的风沙和扬尘等危害。本研究根据修正后的风力侵蚀模型（RWEQ），以当前土地覆盖模式和风蚀控制措施（如草方格）条件下土壤风蚀量与无植被覆盖条件下土壤风蚀量之间的差值评估生态系统的防风固沙量。评估方法如下：

$$Q_{sp} = 0.1699 \times (WF \times EF \times SCF \times K')^{1.3711} \times (1 - C^{1.3711})$$

式中，Q_{sp} 为防风固沙量（t/a）；WF 为气候侵蚀因子（kg/m）；EF 为土壤侵蚀因子（无量纲）；SCF 为土壤结皮因子（无量纲）；K' 为地表糙度因子（无量纲）；C 为植被覆盖因子（无量纲）。

2）价值量核算方法

生态系统的防风固沙功能可以减少浮尘、沙尘对下风向地区的影响，从而降低下风向地区居民因沙尘暴、扬尘等恶劣天气而引起的呼吸系统疾病治疗等医疗费用。防风固沙服务通过减少住在下风向地区的人口的健康医疗费用来提供惠益。因此，采用替代成本法，通过比较没有植被情况下沙尘导致的健康经济损失与当前植被覆盖情况下沙尘导致的健康经济损失之间的差异，以因生态系统发挥防风固沙作用而降低的医疗费用核算防风固沙的价值量。核算方法如下：

$$V_{sp} = V_p - V_a = M \times C \times (P_p n_p - P_a n_a)$$

式中，V_{sp} 为防风固沙价值量（元/a）；V_p 为无植被覆盖条件下下风向地区居民因沙尘暴引起呼吸系统疾病的医疗费用（元/a）；V_a 为实际有植被覆盖条件下下风向地区居民因沙尘暴引起呼吸系统疾病的医疗费用（元/a）；M 为沙尘天气下暴露人口的致病率（%）；C 为沙尘暴引起呼吸系统疾病的人均医疗费用（元）；P_p 为无植被覆盖条件下沙尘在下风向地区影响的人口数量（人/a）；P_a 为实际有植被覆盖条件下沙尘在下风向地区影响的人口数量（人/a）；n_p 为无植被覆盖条件下下风向地区居民受沙尘天气影响的天数（d/a）；n_a 为实际有植被覆盖条件下下风向地区居民受沙尘天气影响的天数（d/a）。

7.1.2.8 碳固定

1）功能量评估模型

生态系统的固碳功能是植物通过吸收二氧化碳将其固定在有机体内和土壤中的过程，对降低大气中日益增加的二氧化碳水平具有重要作用。本书研究了青海省森林、草地和湿地生态系统的碳储量动态，运用固碳速率法建立相关模型估算了青海省陆地生态系统的年平均固碳量作为固碳服务的功能量。其中，由于草原植被每年都会经历枯萎，其固定的碳会返回大气或土壤中，所以无论草原植被的固碳量如何，本研究只考虑草原土壤的固碳量。评估方法如下：

$$Q_{cs} = Q_{fcs} + Q_{gcs} + Q_{wcs}$$
$$Q_{fcs} = R_{fcs} \times S_f$$
$$Q_{gcs} = R_{gcs} \times S_g$$

$$Q_{wcs} = \sum_{i=1}^{n} R_{iwcs} \times S_{iw}$$

式中，Q_{cs} 为青海省生态系统固碳功能量（tC/a）；Q_{fcs} 为青海省森林生态系统固碳量（tC/a）；Q_{gcs} 为青海省草原生态系统固碳量（tC/a）；Q_{wcs} 为青海省湿地生态系统固碳量（tC/a）；R_{fcs} 为青海省森林生态系统固碳速率 $[tC/(hm^2 \cdot a)]$；S_f 为青海省森林生态系统面积（hm^2）；R_{gcs} 为青海省草地生态系统固碳速率$[tC/(hm^2 \cdot a)]$；S_g 为青海省草地生态系统面积（hm^2）；R_{iwcs} 为青海省第 i 种湿地生态系统的固碳速率 $[tC/(hm^2 \cdot a)]$；S_{iw} 为青海省第 i 种湿地生态系统的面积（hm^2）；i 为青海省湿地生态系统种类，$i = 1, 2, \cdots, n$；n 为青海省湿地生态系统种类数量（无量纲）。

2）价值量核算方法

碳固定价值量核算的关键是单价的确定，确定单价的方法包括碳税法、碳市场交易价格、造林成本法等多种方法。碳储存不仅是碳固定的结果，也突出了植被恢复和避免采伐的重要性。尤其是在中国，人工造林是生态系统恢复和保护的主要措施，中国开展了大量的造林恢复工程，是世界上造林最多的国家。同时，鉴于中国的碳市场交易还在发展阶段，碳税机制尚不完善，本研究运用替代成本法以造林成本为单价核算青海省生态系统固碳服务的价值量。核算方法如下：

$$V_{cs} = Q_{cs} \times C_c$$

式中，V_{cs} 为固碳服务的价值量（元/a）；Q_{cs} 为青海省生态系统固碳功能量（t/a）；C_c 为造林成本价格（元/t）。

7.1.2.9 休闲旅游

1）功能量评估模型

青海省的各类景点每年都吸引了大批游客，本研究运用数据收集法统计青海省旅游总人数，作为休闲旅游的功能量。评估方法如下：

$$Q_{et} = \sum_{i}^{n} Q_{it}$$

式中，Q_{et} 为休闲旅游服务的功能量，即青海省旅游总人数（人/a）；Q_{it} 为第 i 个景点的旅游总人数（人/a）；i 为青海省景点，$i = 1, 2, \cdots, n$；n 为青海省景点数量（无量纲）。

2）价值量核算方法

生态系统为人们提供美学体验、精神愉悦感受，人们通过休闲旅游体验生态系统的非物质服务功能，在此过程中产生花销。本研究认为生态系统的休闲旅游价值至少应该等于游客休闲旅游时的花销费用，运用费用支出法，结合在青海省北山森林公园、坎布拉森林公园和青海湖完成的 462 份景区调查问卷，核算青海省生态系统非物质服务休闲旅游的价值量。核算方法如下：

$$V_{et} = \sum_{j=1}^{m} N_j \times TC_j$$

$$TC_j = T_j \times W_j + C_j$$

$$C_j = \sum_{i=1}^{n} (C_{itc,j} + C_{ilf,j} + C_{ief,j}) / n_j$$

$$N_j = (n_j / n_q) \times N_t$$

式中，V_{et} 为休闲旅游价值量（元/a）；j 为游客来源区域，$j = 1, 2, \cdots, m$；m 为游客来源区域数量（无量纲）；N_j 为 j 地到青海省旅游的总人数（人/a）；TC_j 为 j 地到青海省旅游的每人次游客的平均旅行成本（元/人）；T_j 为 j 地到青海省旅游的每人次游客花在路上和景点的时间（h/人）；W_j 为 j 地到青海省旅游的每人次游客的当地平均工资 [元/（人·h）]；C_j 为 j 地到青海省旅游的每人次游客花费的旅行费用支出（元/人）；$C_{itc, j}$ 为 j 地到青海省旅游的 i 游客的交通费用支出（元/人），包括区域间的机票费、车票费、油费、过路费等和在青海当地的公交费、停车费、油费等；$C_{ilf, j}$ 为 j 地到青海省旅游的 i 游客的食宿费用支出（元/人）；$C_{ief, j}$ 为 j 地到青海省旅游的 i 游客的其他费用支出（元/人），包括购买土特产、纪念品、租借设备等；i 为 j

地到青海省旅游的游客，$i = 1$，2，$\cdots$，n；n 为 j 地到青海省旅游的游客数量（人）；n_j 为接受问卷调查的 j 地到青海省旅游的游客数量（人）；n_q 为接受问卷调查的到青海省旅游的游客数量（人）；N_t 为青海省每年的游客总人数（人）。

7.1.3　青海省生态系统生产总值

基于 7.1.2 节部分方法的核算结果显示：2015 年青海省生态系统生产总值为 1854 亿元。其中，物质产品价值占生态系统生产总值的 64.6%，作为东亚和东南亚的"水塔"，水资源供给是青海省最重要的生态系统服务，占 2015 年 GEP 的 57.60%，其次是畜牧业产品价值占 3.13%、农业产品价值占 3.02%。调节服务价值占生态系统生产总值的 23.68%，其中最主要的调节服务为防风固沙（占 17.10%），其次是土壤保持（3.79%）和固碳（2.53%）。文化服务价值主要包括休闲旅游价值，占生态系统生产总值的 11.65%（图 7-8）。

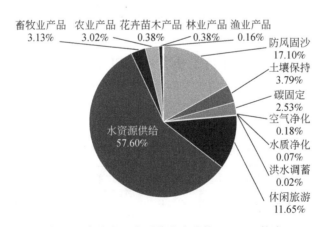

图 7-8　青海省生态系统生产总值（GEP）构成

1）青海省生态系统物质产品价值

2015 年青海省生态系统物质产品价值为 1199 亿元，占全省 GEP 的 64.67%。其中，农林牧渔和花卉苗木等物质产品价值为 131 亿元，水资源供给价值为 1068 亿元（表 7-3）。

表 7-3 　青海省生态系统物质产品价值（2015 年）

服务类别	核算指标	价值量（亿元）	占物质产品价值的比例（%）
物质产品	农业产品	56	4.67
	畜牧业产品	58	4.84
	渔业产品	3	0.25
	林业产品	7	0.58
	其他（花卉、苗木）	7	0.58
水资源供给	下游农业灌溉用水	150	12.51
	居民用水	138	11.51
	工业用水	292	24.35
	水力发电	488	40.70
小计		1199	100

2）青海省生态系统调节服务价值

2015 年，青海省生态系统调节服务总价值为 439.15 亿元，占 GEP 的 23.68%，其中，防风固沙价值最高，为 317 亿元，占 GEP 总价值的 17.10%；其次是土壤保持价值，占 GEP 的 3.79%；其余的洪水调蓄、水质净化、空气净化、固碳价值总计为 51.93 亿元，占总价值的 2.8%（表 7-4）。

表 7-4 　青海省生态系统调节服务功能量与价值量（2015 年）

服务功能	核算指标	功能量	单位	价值量（亿元）	
土壤保持	减少泥沙淤积	4	亿 t	70	70.22
	减少氮面源污染	1.0	万 t	0.2	
	减少磷面源污染	0.07	万 t	0.02	
防风固沙	固沙量	5	亿 t	317	317
洪水调蓄	洪水调蓄量	0.7	亿 m³	0.3	0.3

服务功能	核算指标	功能量	单位	价值量（亿元）	
空气净化	净化二氧化硫量	15.08	万 t	2	3.4
	净化氮氧化物量	11.79	万 t	1	
	净化工业粉尘量	24.6	万 t	0.4	
水质净化	净化 COD 量	10.43	万 t	1.0	1.23
	净化总氮量	1	万 t	0.2	
	净化总磷量	0.09	万 t	0.03	
固碳	固碳量	0.2	亿 t	47	47
小计		—	—	439.15	439.15

3）青海省生态系统文化服务价值

生态系统文化服务价值主要体现在自然景观的游憩价值。按照自然景观功能定位、主导吸引力属性分类，将自然景观划分为风景名胜区、地质公园、自然保护区、森林公园和湿地公园 5 类，同时参考《旅游区（点）质量等级的划分与评定》标准，将 5 类景观分为世界级、国家级、区域级、地方级四级，对青海省自然景观归类。

2015 年全省游客总数为 2315.4 万人次，旅游总收入为 248.03亿元。

根据核算，2015 年青海省生态文化服务价值为 216 亿元，占 GEP的 11.65%。

7.1.4 青海省生态系统生产总值变化（2000～2015 年）

2000～2015 年，青海省生态系统生产总值（GEP）从 2000 年的816 亿元增加到 2015 年的 1854 亿元，基于不变价增幅为 68.8%。

物质产品价值、调节服务价值和文化服务价值均呈不同程度增加，16 年分别增长 107.8%、9.8%和 408.8%（表 7-5）。

表7-5　青海省生态系统生产总值变化（2000～2015年）

功能类别	核算科目		2000年	2015年	2000～2015年（不变价）	
			价值（亿元）	价值（亿元）	价值（亿元）	变幅（%）
物质产品	农业产品		10	56	42	310.6
	畜牧业产品		11	58	42	266.4
	渔业产品		0.1	3	3	2351.5
	林业产品		2	7	5	247.1
	其他（花卉、苗木）		2	7	5	190.8
	水资源供给	下游农业灌溉用水	118	150	−15	−9.3
		居民用水	53	138	64	86.5
		工业用水	194	292	22	8.1
		水力发电	113	488	375	331.6
调节服务	土壤保持	减少泥沙淤积	48	70	1.3	1.9
		减少氮面源污染	0.1	0.2	0.003	1.9
		减少磷面源污染	0.02	0.02	0.0004	2
	防风固沙	防风固沙	214	317	15	4.9
	洪水调蓄	洪水调蓄	0.2	0.3	0.01	2.3
	空气净化	净化二氧化硫	0.2	2	1.5	370.9
		净化氮氧化物	—	1	—	—
		净化工业粉尘	0.2	0.4	0.2	133.3
	水质净化	净化COD	0.2	1	1	214
		净化总氮	0	0.2	0.1	186.8
		净化总磷	—	0.03	—	—
	固碳	固碳	20	47	19	67.4
文化服务	生态旅游	休闲旅游	30	216	174	408.8
合计			816	1854	755	68.8

7.2 内蒙古自治区 GEP 核算试点

7.2.1 内蒙古自治区概况

内蒙古位于祖国北部边疆，由东北向西南斜伸，呈狭长形，总面积118.3 万 km^2。横跨东北、华北、西北地区，内与黑龙江、吉林、辽宁、河北、山西、陕西、宁夏、甘肃 8 个省（自治区）相邻，外与俄罗斯、蒙古国接壤，边境线 4200 多千米。地貌以高原为主，大部分地区海拔在 1000m 以上。内蒙古高原是中国四大高原中的第二大高原。除了高原以外，还有山地、丘陵、平原、沙漠、河流、湖泊。

由于地理位置和地形的影响，形成以温带大陆性季风气候为主的复杂多样的气候。春季气温骤升，多大风天气；夏季短促温热，降水集中；秋季气温剧降，秋霜冻往往过早来临；冬季漫长严寒，多寒潮天气。全年降水量在 100 ~ 500mm，无霜期在 80 ~ 150 天，年日照量普遍在 2700h 以上。大兴安岭和阴山山脉是全区气候差异的重要自然分界线，大兴安岭以东和阴山以北地区的气温和降水量明显低于大兴安岭以西和阴山以南地区。

内蒙古生态系统主要类型有草地、森林、湿地、荒漠。全区草地生态系统面积 11.38 亿亩，占全区总面积的 64.16%；森林生态系统面积 3.92 亿亩，占比为 22.06%；湿地面积 9015.9 万亩，占比为 5.08%。

内蒙古大小河流千余条，其中流域面积在 $1000km^2$ 以上的有 107条，主要河流有黄河、额尔古纳河、嫩江和西辽河四大水系。大小湖泊星罗棋布，面积在 $200km^2$ 以上的湖泊有达赉湖、达里诺尔湖和乌梁素海。内蒙古水资源总量为 545.95 亿 m^3，其中地表水 406.6 亿 m^3。

内蒙古自治区分布有各类野生高等植物 2781 种，植被组成主要有乔木、灌木、半灌木、草本等基本类群，其中草本植物分布面积最广。按类别分，种子植物 2208 种，蕨类植物 62 种，苔藓类植物 511 种。全区野生脊椎动物众多，总计 712 种。主要有圆口纲 1 种、鱼纲 100 种、哺乳纲 138 种、鸟纲 436 种、爬行纲 28 种、两栖纲 9 种。其中，列入国家重点保护野生动物 116 种，Ⅰ级重点保护野生动物 26 种，Ⅱ级重点保护野生动物 90 种。全区有《中华人民共和国政府和日本国政府保护候鸟及其栖息环境协定》中规定的保护候鸟 128 种，有《中华人民共和国政府和澳大利亚政府保护候鸟及其栖息环境的协定》中规定的保护候鸟 45 种，有《濒危野生动植物种国际贸易公约》附录物种脊椎动物 99 种。

内蒙古是祖国北方重要的生态安全屏障，在预防沙尘暴、水源涵养、土壤保持、生物多样性保护方面功能巨大，对保障国家生态安全发挥重要作用。

7.2.2　内蒙古自治区生态系统生产总值

2019 年，内蒙古自治区生态系统生产总值为 44 760.75 亿元，其中调节服务价值最高，为 33 727.90 亿元，占生态系统生产总值的 75.35%；文化服务价值和物质产品价值分别占 17.67% 和 6.98%（图 7-9）。

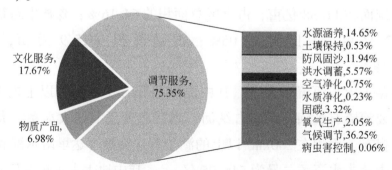

图 7-9　内蒙古自治区 2019 年生态系统生产总值（GEP）构成

1）内蒙古自治区生态系统物质产品价值

2019 年，内蒙古自治区生态系统物质产品价值为 3125.30 亿元，占生态系统生产总值的 6.98%。其中，农业产品价值为 1606.20 亿元；林业产品价值为 101.30 亿元；畜牧业产品价值为 1389.80 亿元；渔业产品价值为 28.00 亿元。

2）内蒙古自治区生态系统调节服务价值

2019 年，内蒙古自治区生态系统调节服务价值为 33 727.90 亿元，占生态系统生产总值的 75.35%，在全国各省（自治区、直辖市）中排名第一位。

（1）水源涵养。

通过水量平衡方程可计算得出 2019 年内蒙古自治区水源涵养总量为 743.70 亿 m³。

水源涵养价值主要表现在蓄水保水的经济价值。运用影子工程法，即模拟建设一座蓄水量与生态系统水源涵养量相当的水库，建设该座水库所需要的费用即可作为生态系统的蓄水保水价值。由此计算得到内蒙古自治区生态系统水源涵养价值为 6558.63 亿元，占 GEP 的 14.65%。

（2）土壤保持。

通过修正通用土壤流失方程计算土壤保持量，即生态系统减少的土壤侵蚀量（用潜在土壤侵蚀量与实际土壤侵蚀量的差值测度），内蒙古自治区 2019 年的土壤保持总量为 32.92 亿 t。

生态系统土壤保持价值是指通过生态系统减少土壤侵蚀产生的生态效应，主要表现在减少泥沙淤积和减少面源污染两个方面。2019 年因内蒙古自治区生态系统土壤保持服务而减少的实际泥沙淤积量为 5.77 亿 m³，因土壤保持功能减少氮面源功能量为 292.3 万 t，减少磷面源污染功能量为 85.3 万 t，土壤保持价值为 235.29 亿元。

（3）防风固沙。

利用修正风力侵蚀模型（REWQ）计算通过生态系统减少的风蚀

量（潜在风蚀量与实际风蚀量的差值），得出内蒙古自治区 2019 年固沙总量为 143.17 亿 t。

生态系统防风固沙价值主要体现在减少土地沙化的经济价值。根据防风固沙量和土壤沙化盖沙厚度，核算出减少的沙化土地面积；运用替代成本法，根据单位面积沙化土地治理费用核算得出 2019 年防风固沙价值为 5345.78 亿元，占 GEP 的 11.94%。

（4）洪水调蓄。

选用可调蓄水量（湖泊、植被）、防洪库容（水库）和洪水期滞水量（沼泽）表征湿地生态系统的洪水调蓄能力，即湿地调节洪水的潜在能力。

2019 年，内蒙古自治区（湖泊、水库、沼泽、植被）洪水调蓄能力为 282.83 亿 m^3，其中，湖泊洪水调蓄能力为 16.32 亿 m^3；水库洪水调蓄能力为 17.09 亿 m^3；沼泽洪水调蓄能力为 156.69 亿 m^3；植被洪水调蓄能力为 92.73 亿 m^3。

洪水调蓄价值主要体现在减轻洪水威胁的经济价值，2019 年洪水调蓄总价值为 2494.27 亿元，占 GEP 的 5.57%。

（5）空气净化。

生态系统空气净化功能主要体现在净化污染物和阻滞粉尘方面。采用生态系统自净能力估算得到内蒙古自治区 2019 年的生态系统大气污染物净化量为 1.73 亿 t，其中，生态系统净化二氧化硫量为 647.26 万 t；生态系统净化氮氧化物量为 29.46 万 t；生态系统滞尘量为 1.66 亿 t。

采用替代成本法（治理大气污染物成本或是因自然生态系统而降低的空气环境治理成本）核算得出 2019 年空气净化价值为 334.57 亿元。

（6）水质净化。

生态系统对人类生产生活排放到水体中的污染物同样具有一定的净化作用，根据水污染物排放特点，选取 COD、氨氮、总磷代表性污染物,采用替代成本法,通过工业治理水污染物的成本评估生态系统水质净化价值,具体以 COD、氨氮、总磷治理价值之和共同综合表征生态系统对水质的净化功能的价值。

2019 年内蒙古自治区生态系统水质污染物净化量为 611.23 万 t。其中,COD 净化量为 529.19 万 t,氨氮净化量为 41.02 万 t,总磷净化量为 41.02 万 t。核算得出 2019 年生态系统水质净化总价值为 104.24 亿元。

(7) 固碳。

生态系统的固碳功能有利于降低大气中二氧化碳浓度,减缓温室效应,对降低减排压力具有重要意义。核算得出内蒙古自治区 2019 年的固定二氧化碳量为 1.59 亿 t。采用替代成本法(造林成本)核算得到 2019 年固碳价值为 1486.06 亿元,占 GEP 的 3.32%。

(8) 氧气生产。

生态系统的氧气生产功能对于维护大气中氧气稳定、改善人居环境具有重要意义。根据释氧机理模型核算得出 2019 年内蒙古自治区的氧气生产量为 1.15 亿 t。采用替代成本法(工业制氧成本)核算得到 2019 年氧气生产价值为 919.26 亿元。

(9) 气候调节。

生态系统通过蒸腾作用,将植物体内的水分以气体形式通过气孔扩散到空气中,使太阳光的热能转化为水分子的动能,吸收热量,减少气温变化,增加空气湿度。核算得到内蒙古自治区 2019 年生态系统蒸腾吸热总消耗能量为 37 729.89 亿 kW·h。其中,植被蒸腾吸热耗能量为 13 847.20 亿 kW·h;水面蒸发吸热增湿耗能 23 882.69 亿 kW·h。

运用替代成本法,采用人工调节温度和湿度所需要的耗电量计算得到 2019 年气候调节价值为 16 223.85 亿元,占 GEP 的 36.25%。

(10) 病虫害控制。

2019 年,内蒙古自治区病虫害控制面积为 2905 万亩,其中,森林病虫害控制面积为 744 万亩,草原病虫害控制面积为 2161 万亩。人工林病虫害防治成本为 337.83 元/亩，核算得到 2019 年病虫害控制价值为 25.96 亿元。

3）内蒙古生态系统文化服务价值

生态系统文化服务价值主要体现在自然景观的游憩价值。

2019 年内蒙古自治区全区游客总数为 19 316.7 万人次。核算得到 2019 年生态系统休闲旅游价值为 7907.55 亿元，占 GEP 的 17.67%。

7.2.3 内蒙古自治区生态系统生产总值变化

2015～2019 年内蒙古自治区生态系统生产总值基于 2019 年不变价的增幅为 15.46%，保持着 GDP 与 GEP 双增长，实现了生态环境保护建设与经济社会协调发展。

7.3 贵州省黔东南州 GEP 核算试点

7.3.1 黔东南州概况

黔东南州位于贵州省东南部，东与湖南省毗邻，南与广西壮族自治区接壤，全境总面积 30 337km²，辖 16 县（市）；聚居着苗族、侗族、汉族、布依族等 33 个民族，少数民族人口占总人口的 80.2%。

黔东南州森林资源丰富，是我国南方的重点集体林区之一。生态系统类型以森林为主，占全州总面积的 62.33%，森林类型主要包括常绿阔叶林、常绿落叶混交林和针阔混交林；其次是草地，占全州总面积的 14.28%。黔东南州境内水系发达，河网稠密，有 2900 多条河流，年径流量 225 亿 m³，清水江、舞阳河、都柳江三大干流，以雷公山为分水岭，分别汇入长江、珠江两大水系。境内长江流域面积 19 875km²，珠江流域面积 8802km²，是长江、珠江上游地区的重要生态屏障，是西部大开发生态建设的重点区域。

黔东南州地处我国西南喀斯特地貌分布区，石漠化问题较为严重，生态环境脆弱，有 5 个县属于国家划定的重要生态功能区，即西南喀斯特地区土壤保持重要区。随着珠江流域防护林工程、天然林保护工程等的实施，森林、草地、湿地生态系统取得一定的保护成效。

黔东南州是全国"两屏三带"生态屏障中南方丘陵山地带的重要组成部分，生态区位重要，生态系统水源涵养、土壤保持、生物多样性保护等服务功能巨大，是我国重要生态功能区与国家生态安全屏障。

7.3.2 黔东南州生态系统生产总值

2015 年，黔东南州生态系统生产总值为 4136.34 亿元，约为当年GDP 的 5.1 倍。其中，生态系统调节服务价值最高，为 2704.75 亿元，占黔东南州生态系统生产总值的 65.39%；其次是生态系统文化服务总价值，为 1161.57 亿元，占黔东南州生态系统生产总值的 28.08%；生态系统物质产品价值为 270.02 亿元，占黔东南州生态系统生产总值的 6.53%（图 7-10）。

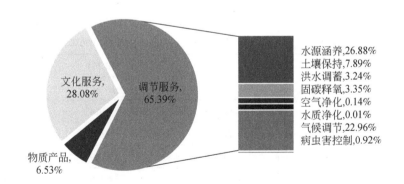

图 7-10　黔东南州生态系统生产总值（GEP）构成

1) 黔东南州生态系统物质产品价值

2015 年，黔东南州生态系统物质产品总价值为 270.02 亿元，占黔东南州 GEP 的 6.53%。其中，农业产品总量为 335 万 t，价值为 145.66 亿元；林业产品价值为 37.07 亿元；畜牧业产品价值为 75.09 亿元；渔业产品价值为 12.20 亿元（表7-6）。

表7-6 黔东南州生态系统物质产品价值（2015 年）

指标	类型	内容	产量	产值（万元）
农业产品	谷物	稻谷（t）	757 029	238 260
		玉米（t）	161 793	52 017
		谷子（t）	941	491
		高粱（t）	10 334	3 900
		小麦（t）	9 254	3 369
		其他谷物（t）	249	977
	豆类	大豆（t）	14 478	9 324
		四季豆（t）	2 453	1 276
	薯类	马铃薯（t）	173 202	38 374
		红薯（t）	55 746	14 719
		芭蕉芋（t）	5 510	586.4
	油料	油菜籽（t）	74 846	47 056
		花生（t）	15 551	15 709
	糖料	甘蔗（t）	8 863	1 853
	烤烟	烤烟（t）	22 320	60 923
	蔬菜	蔬菜（t）	1 713 070	504 378
	水果	柑橘（t）	90 384	34 585
		葡萄（t）	10 919	4 263
		杨梅（t）	6 024	5 421
		桃子（t）	19 497	6 178
		西瓜（t）	197 493	45 438
		草莓（t）	4 169	8 568
		梨（t）	48 395	16 870
	合计	—	3 350 796	1 456 604

指标	类型	内容	产量	产值（万元）
林业产品	竹木采伐	木材（m³）	872 365	115 044
		竹材（万根）	—	—
	林产品采集	生漆（t）	1 785	2 166
		油桐籽（t）	4 316	3 680
		油菜籽（t）	23 119	47 240
		乌桕籽（t）	1 346	78
		五倍籽（t）	149	383
		棕片（t）	666	688
		松脂（t）	15 249	9 608
		竹笋片（t）	823	12 864
		核桃（t）	375	1 886
		板栗（t）	4 487	3 162
		花椒（t）	201	391
	合计	—	—	370 703
畜牧业产品	畜禽出栏数	猪出栏数（万头）	181.08	421 108
		牛出栏数（万头）	14.22	105 856
		羊出栏数（万只）	19.03	23 890
		家禽出栏数（万只）	1 136.04	99 914
	奶类	牛奶（t）	1 148	247
	禽蛋	禽蛋（t）	12 853	18 905
	合计	—	—	750 928
渔业产品	渔业产品		—	122 027
总计				270.02（亿元）

2）黔东南州生态系统调节服务价值

黔东南州生态系统调节服务总价值为2704.75亿元，其中，水源涵养价值为1111.83亿元，占调节服务总价值的41.11%；气候调节价值为949.72亿元，占调节服务总价值的35.11%；土壤保持价值为326.42亿元，占调节服务价值的12.07%（表7-7）。

表 7-7　黔东南州生态系统调节服务功能量与价值量（2015 年）

服务功能	核算指标	功能量	单位	单价	价值量（亿元）	总价值（亿元）
水源涵养	水源涵养量	137.26	亿 m³	8.10 元/m³	1111.83	1111.83
土壤保持	减少泥沙淤积	24.84	亿 t	17.88 元/m³	90.43	326.42
	减少氮面源污染	0.09	亿 t	875 元/t	160.87	
	减少磷面源污染	0.03	亿 t	2800 元/t	75.13	
洪水调蓄	湖泊调蓄量	0.02	亿 m³	8.10 元/m³	0.14	134.09
	水库调蓄量	16.53	亿 m³	8.10 元/m³	133.95	
空气净化	净化二氧化硫量	45.27	万 t	1260 元/t	5.70	5.94
	净化氮氧化物量	1.71	万 t	1260 元/t	0.21	
	净化工业粉尘量	1.17	万 t	150 元/t	0.02	
水质净化	净化 COD 量	1.98	万 t	1400 元/t	0.28	0.35
	净化总氮量	0.15	万 t	1750 元/t	0.03	
	净化总磷量	0.15	万 t	2800 元/t	0.04	
固碳释氧	固碳量	0.15	亿 t	386 元/t	58.17	138.40
	释氧量	0.11	亿 t	732 元/t	80.23	
气候调节	森林蒸腾降温增湿	1490.17	亿 kW·h	0.53 元/(kW·h)	789.79	949.72
	灌丛蒸腾降温增湿	79.76	亿 kW·h	0.53 元/(kW·h)	42.27	
	草地蒸腾降温增湿	116.70	亿 kW·h	0.53 元/(kW·h)	61.85	
	水面蒸发降温增湿	105.29	亿 kW·h	0.53 元/(kW·h)	55.81	
病虫害控制	森林病虫害控制面积	0.12	亿亩	310.29 元/亩	38.01	38.01
合计					2704.75	2704.75

（1）水源涵养价值。

2015 年黔东南州生态系统水源涵养总量为 137.26 亿 m³。

2015 年黔东南州生态系统蓄水保水价值为 1111.83 亿元，占 GEP 的 26.88%。

（2）土壤保持价值。

2015 年黔东南州生态系统土壤保持总量为 24.84 亿 t。推算得出，因生态系统土壤保持功能减少的泥沙淤积量为 5.05 亿 m³。

生态系统土壤保持价值主要表现在减少泥沙淤积和减少面源污染两个方面。减少泥沙淤积价值为 90.43 亿元；因土壤保持功能减少氮面源污染功能量为 0.09 亿 t，减少氮面源污染价值为 160.87 亿元，减少磷面源污染功能量为 0.03 亿 t，减少磷面源污染价值为 75.13 亿元。

黔东南州土壤保持功能价值为 326.42 亿元，占 GEP 的 7.89%。

（3）洪水调蓄价值。

2015 年，黔东南州（湖泊、水库）洪水调蓄能力为 16.55 亿 m³。其中，湖泊洪水调蓄能力为 0.02 亿 m³；水库洪水调蓄能力为 16.53 亿 m³。

洪水调蓄价值主要体现在减轻洪水威胁的经济价值，2015 年洪水调蓄总价值为 134.09 亿元，占 GEP 的 3.24%。

（4）空气净化价值。

2015 年黔东南州生态系统大气污染物净化量为 48.15 万 t。其中，生态系统净化二氧化硫量为 45.27 万 t；生态系统净化氮氧化物量为 1.71 万 t；生态系统滞尘量为 1.17 万 t。

2015 年生态系统空气净化总价值为 5.94 亿元，占 GEP 的 0.14%。其中，二氧化硫治理价值为 5.70 亿元；氮氧化物治理价值为 0.21 亿元；工业粉尘治理价值为 0.02 亿元。

（5）水质净化价值。

2015 年黔东南州全州水质污染物净化量为 2.29 万 t。其中，COD 净化量为 1.98 万 t；氨氮净化量为 0.15 万 t；总磷净化量为 0.15 万 t。

2015 年生态系统水质净化总价值为 0.35 亿元，其中，COD 治理价值为 0.28 亿元；总氮治理价值为 0.03 亿元；总磷治理价值为 0.04 亿元。

（6）固碳释氧价值。

2015 年黔东南州生态系统固定二氧化碳量为 0.15 亿 t，释放氧气量为 0.11 亿 t。

2015 年黔东南州生态系统固碳释氧总价值为 138.40 亿元，占 GEP 的 3.35%，其中，固碳价值为 58.17 亿元，释氧价值为 80.23 亿元。

（7）气候调节价值。

2015 年，全州因植被蒸腾吸热总消耗能量为 1686.63 亿 kW·h，其中，森林蒸腾吸热消耗能量为 1490.17 亿 kW·h；灌丛蒸腾吸热消耗能量为 79.76 亿 kW·h；草地蒸腾吸热消耗能量为 116.70 亿 kW·h。

2015 年黔东南州水面蒸发消耗能量为 105.29 亿 kW·h。2015 年，黔东南州生态系统消耗总热量为 1791.92 亿 kW·h。

2015 年黔东南州气候调节总价值为 949.72 亿元，占 GEP 的 22.96%，其中，森林蒸腾降温增湿价值为 789.79 亿元；灌丛蒸腾降温增湿价值为 42.27 亿元；草地蒸腾降温增湿价值为 61.85 亿元；水面蒸发降温增湿价值为 55.81 亿元。

（8）病虫害控制价值。

2015 年，黔东南州天然林面积为 0.12 亿亩，森林病虫害控制价值为 38.01 亿元，占 GEP 的 0.92%。

3）黔东南州生态系统文化服务价值

2015 年，全州游客总数 4522.67 万人次，旅游总收入 387.19 亿元。

经核算，2015 年黔东南州生态文化服务价值为 1161.57 亿元，占 GEP 的 28.08%。

7.3.3 黔东南州生态系统生产总值变化（2000～2015 年）

2000～2015 年，黔东南州生态系统生产总值（GEP）从 2000 年的 2089.25 亿元增加到 2015 年的 4136.34 亿元，剔除价格因素，2000～

2015 年，黔东南州的 GEP 实际增加了 60.62%（表7-8）。

表7-8　黔东南州生态系统生产总值变化（2000～2015 年）

功能类别	核算科目		2000 年	2015 年	2000～2015 年（可比价）	
			GEP（亿元）	GEP（亿元）	变化量（亿元）	变幅（%）
物质产品	物质产品	农业产品	34.89	145.66	96.20	194.52
		林业产品	3.22	37.07	32.51	712.16
		畜牧业产品	14.17	75.09	55.00	273.84
		渔业产品	1.51	12.20	10.06	469.98
调节功能	水源涵养	水源涵养量	773.15	1 111.83	16.98	1.55
	土壤保持	土壤保持量	63.61	90.43	0.24	0.26
		减少氮面源污染	80.22	160.87	0.42	0.26
		减少磷面源污染	74.93	75.13	0.20	0.26
	洪水调蓄	湖泊调蓄量	0.09	0.14	0.02	13.76
		水库调蓄量	2.94	133.95	129.78	3 114.22
	空气净化	净化二氧化硫	2.81	5.70	0.08	1.47
		净化氮氧化物	0.11	0.21	0.00	1.31
		净化工业粉尘	0.02	0.02	0.00	1.62
	水质净化	净化 COD	0.12	0.28	0.05	19.56
		净化总氮	0.01	0.03	0.00	19.56
		净化总磷	0.04	0.04	0.01	19.56
	固碳释氧	固碳	40.29	58.17	0.99	1.73
		释氧	66.79	80.23	1.37	1.73
	气候调节	植被蒸腾降温增湿	879.43	893.91	14.48	1.65
		水面蒸发降温增湿	46.68	55.81	9.13	19.56
	病虫害控制	森林病虫害控制	—	38.01	—	—

功能类别	核算科目		2000 年	2015 年	2000～2015 年（可比价）	
			GEP（亿元）	GEP（亿元）	变化量（亿元）	变幅（%）
文化功能	自然景观	休闲旅游价值	4.23	1 161.57	1 155.57	19 272.18
合计			2 089.25	4 136.34	1 561.11	60.62

2000～2015 年，物质产品价值、调节服务价值、文化服务价值均呈不同程度增强，文化服务价值增幅最大，16 年增长了 19 272.18%，物质产品价值和调节功能价值 16 年分别增长了 254.13% 和 8.49%。

黔东南州生态系统调节服务功能的 8 个单项指标均呈增长趋势，其中，洪水调蓄价值增幅最大，其次是气候调节价值；水质净化、固氮释氧、空气净化、水源涵养、土壤保持均有小幅增长。黔东南州文化服务价值呈快速增长趋势，自然景观功能量由 2000 年的 128.11 万人次增加到 2015 年的 4522.67 万人次，共增加 4394.56 万人次；价值量由 2000 年的 4.23 亿元增长到 2015 年的 1161.57 亿元，增幅为 19 272.18%。

7.4　浙江省丽水市 GEP 核算试点

7.4.1　丽水市概况

丽水市位于浙江省西南部，市域面积 1.73 万 km^2，是浙江省面积最大的地级市；现辖莲都区、龙泉市、青田县、云和县、庆元县、缙云县、遂昌县、松阳县、景宁畲族自治县，9 个县（市、区）均为革命老根据地。

丽水市地势以中山、丘陵地貌为主，为典型的山区市，有"九山半水半分田"之称；海拔 1000m 以上山峰 3573 座；同时，丽水还是瓯江、钱塘江、飞云江、椒江、闽江、赛江"六江之源"。丽水市属于典型的亚热带季风气候，年平均气温 17.9 ℃，年均降水 1599mm，年均雨日 166 天。

丽水市生态系统类型主要有森林、灌丛、湿地、草地、农田和城镇等类型，其中，森林面积 14 115.95km²，占全市总面积的 81.76%；农田占全市面积的 10.46%。全市有野生植物 3546 种，野生动物 2618 种，丽水市有浙江省"动植物摇篮"之称。

丽水市风光秀美，旅游资源非常丰富，历史悠久，文化底蕴深厚；拥有"全国文明城市""国家级生态示范区""中国摄影之乡""中国民间艺术之乡""中国长寿之乡""中国气候养生之乡""国际休闲养生城市""中国优秀旅游城市""国家森林城市""国家园林城市""国家卫生城市"等金名片，摄影文化、华侨文化、畲族文化等具有鲜明地方特色的文化在发展中提升，在传承中创新，不断展现出独特的魅力。

丽水市生态区位重要，生态资产雄厚，是浙江的生态安全屏障。

7.4.2 丽水市生态系统生产总值

2018 年，丽水市生态产品总值为 5024.47 亿元，生态系统调节服务总价值最高，为 3659.42 亿元，占丽水市生态产品总值的 72.83%；其次是文化服务产品总价值，为 1202.18 亿元，占丽水市生态产品总值的 23.93%；物质产品总价值为 162.86 亿元，占丽水市生态产品总值的 3.24%（图 7-11）。

1）丽水市生态系统物质产品价值

2018 年丽水市生态系统提供的物质产品总价值为 162.86 亿元，

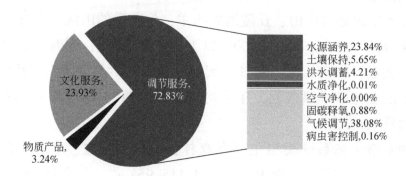

图 7-11　丽水市生态系统生产总值（GEP）构成

占 GEP 的 3.24%，其中，农业产品价值为 95.02 亿元，林业产品价值为 19.07 亿元，畜牧业产品价值为 17.79 亿元，渔业产品价值为 3.59 亿元，生态能源价值为 24.77 亿元。

2）丽水市生态系统调节服务价值

2018 年，丽水市生态系统的调节服务总价值为 3659.42 亿元，占 GEP 的 72.83%，其中，气候调节和水源涵养价值较高，分别为 1913.35 亿元和 1197.68 亿元，分别占 GEP 的 38.08% 和 23.84%；其次是土壤保持和洪水调蓄，价值分别是 283.82 亿元和 211.54 亿元，占比分别为 5.65% 和 4.21%；其余的固碳释氧、病虫害控制、空气净化和水质净化价值总和为 53.03 亿元，占总价值的 1.06%。

3）丽水市生态系统文化服务价值

丽水全市共有旅游资源单体 2365 个，全市已建成国家 AAAA 级旅游景区 19 个、省级旅游度假区 5 个，高等级景区数量居全省前列，旅游资源丰富，旅游业蓬勃发展。2018 年，丽水市文化服务产品总价值为 1202.18 亿元，占 GEP 的 23.93%（表 7-9）。

表 7-9 丽水市 2018 年生态系统生产总值核算总表

功能类别	核算科目	功能量		单价	价值量					
		功能量	单位	单价	价值(亿元)	比例(%)	小计(亿元)	比例(%)	合计(亿元)	比例(%)
物质产品	农业产品	205.64	万 t	—	95.02	1.89	162.86	3.24	162.86	3.24
	林业产品	43.6	万 m³	—	19.07	0.38				
	畜牧业产品	8.74	万 t	—	17.79	0.35				
	渔业产品	2.47	万 t	—	3.59	0.07				
	生态能源	45.87	亿 kW·h	0.54 元/(kW·h)	24.77	0.49				
	其他产品（盆栽类）	504.12	万盆	—	2.62	0.05				
水源涵养	水源涵养量	139.27	万 m³	8.6 元/m³	1197.68	23.84	1197.68	23.84	3659.42	72.83
土壤保持	减少泥沙淤积量	8.75	万 m³	26.85 元/m³	193.56	3.85	283.82	5.65		
	减少氮面源污染	0.04	亿 t	1750 元/t	61.52	1.22				
	减少磷面源污染	0.01	亿 t	2800 元/t	28.73	0.57				
洪水调蓄	植被调蓄量	2.38	万 m³	8.6 元/m³	20.43	0.41	211.54	4.21		
	湖泊调蓄量	0.004	万 m³	8.6 元/m³	0.03	0.00				
	水库调蓄量	23.29	万 m³	8.6 元/m³	191.04	3.80				
	沼泽调蓄量	0.004	万 m³	8.6 元/m³	0.04	0.00				
空气净化	净化二氧化硫	0.77	万 t	1260 元/t	0.10	0.00	0.15	0.00		
	净化氮氧化物	0.36	万 t	1261 元/t	0.05	0.00				
	净化工业粉尘	0.72	万 t	150 元/t	0.01	0.00				

续表

功能类别	核算科目	功能量				价值量					
		功能量	单位	单价	价值（亿元）	比例（%）	小计（亿元）	比例（%）	合计（亿元）	比例（%）
水质净化	净化COD	2.08	万t	1400 元/t	0.29	0.01				
	净化总氮	0.43	万t	1750 元/t	0.08	0.00	0.38	0.01		
	净化总磷	0.03	万t	2800 元/t	0.01	0.00				
固碳释氧	固碳	0.02	万t	146.67 元/t	2.93	0.06	44.40	0.88	3659.42	72.83
	释氧	0.05	万t	777.49 元/t	41.47	0.83				
气候调节	林地降温	1657.95	亿kW·h	0.54 元/(kW·h)	1790.59	35.64				
	灌丛降温	8.12	亿kW·h	0.54 元/(kW·h)	8.77	0.17	1913.35	38.08		
	草地降温	6.04	亿kW·h	0.54 元/(kW·h)	6.52	0.13				
	水面降温	1194.16	亿kW·h	0.54 元/(kW·h)	107.47	2.14				
病虫害控制	森林病虫害控制面积	0.10	亿亩	80.21 元/亩	8.10	0.16	8.10	0.16		
文化服务	休闲旅游	667.88	万人次	1.80	1202.18	23.93	1202.18	23.93	1202.18	23.93
总计		—	—	—	5024.47	100.00	5024.47	100.00	5024.47	100.00

7.5 广东省深圳市 GEP 核算试点

7.5.1 深圳市概况

深圳市地处广东省中南部沿海区，东临大亚湾，西接珠江口，北连东莞、惠州两市，南与香港新界接壤。地理坐标按陆地计为 22°26′59″~22°51′49″N，113°45′42″~114°37′21″E，全市面积 1997.47km²。下辖10个行政区，74个街道。深圳市濒临南海，陆域平面形状呈东西宽、南北窄的狭长形。境内地形复杂，地貌类型多样，属于以丘陵为主，低山、丘陵、台地、阶地、平原相结合的综合地貌区，全市最高峰梧桐山海拔943.7m。

深圳属南亚热带海洋性季风气候。长夏短冬，阳光充足，雨量丰沛，气候宜人。夏季盛行偏东南风，受季风低压影响，平均每年受热带气旋（台风）影响4~5次，湿热多雨；其余季节多偏东北季风，晴朗少雨。日照时间长，年日照时数平均2060h。气候温和，年平均气温22.3℃，雨量充沛，每年4~9月为雨季，年平均降水量1924.7mm。

深圳市位于珠江口以东，南海北缘。境内河流众多，网系发育，境内有河流310余条，分属珠江三角洲水系、东江水系及海湾水系。具有河流短小、流向不一、河道陡、水流急，水位暴涨暴落，径流量随气候干湿季节变化而变化等特征。汛期径流量占全年径流量的90%以上。全市共有水库161座，总库容9.50亿m³。深圳海洋水域总面积1145km²。深圳辽阔海域连接南海及太平洋，海岸线总长260km，拥有大梅沙、小梅沙、西冲、桔钓沙等知名沙滩，大鹏半岛国家地质公园、深圳湾红树林、梧桐山郊野公园、内伶仃岛等自然生态保护区。

深圳市境内植物生长茂盛，自然植被成分和群落特征表现出热带与亚热带之间的过渡性，所发育的地带性植被代表类型为热带季雨林和亚热带常绿林。自然植被中共有植物1500余种，珍稀名木有数十种，国家保护的濒危植物有格木、水松、黏木、青钩栲、华南栲、土沉香、桫椤、穗花杉、苏铁蕨等。特殊植物有红树、半红树。境内地势复杂、林木繁茂、终年常绿、植被覆盖率大，海域广阔、海岸带类型多样，利于野生动物栖息、繁衍，有国家保护珍稀动物陆生虎纹蛙、蟒蛇、猕猴、大灵猫、小灵猫、云豹、巨蜥、穿山甲、三线闭壳龟、白肩雕、白鹳、鹭、鸢、凤头鹰、褐翅鸦鹃、鹗、赤腹鹰、黑脸琵鹭等。市境内建有国家级福田红树林鸟类自然保护区和内伶仃岛猕猴自然保护区及梧桐山国家森林公园。

7.5.2　深圳市生态系统生产总值

深圳市 2017 年生态系统生产总值为 1236.34 亿元。其中，生态系统调节服务价值最高，占深圳市生态系统生产总值的 50.51%，其中气候调节占 35.31%，水源涵养占 8.32%；其次是生态系统文化服务价值，占深圳市生态系统生产总值的 46.29%；生态系统物质产品价值占深圳市生态系统生产总值的 3.20%。

7.5.3　深圳市生态系统生产总值变化

相较 2017 年，2019 年深圳 GEP 增加了 102.3 亿元，增幅为 8.27%，主要原因在于优质生态空间面积和总体质量稳步提升，使调节服务类生态产品价值始终保持稳定的增长；同时，物质产品价值和文化服务价值均有所增加（表 7-10）。

表 7-10　2017～2019 年深圳市生态系统生产总值变化

分类	2017 年价值（亿元）	2019 年价值（亿元）
生态系统物质产品价值	39.55	42.19
农林牧渔产品价值	21.02	22.90

分类	2017 年价值（亿元）	2019 年价值（亿元）
水资源价值	18.53	19.29
生态系统调节服务价值	624.52	680.46
水源涵养价值	102.81	116.43
洪水调蓄价值	60.24	67.06
气候调节价值	436.55	472.16
减少泥沙淤积价值	1.38	1.39
减少面源污染价值	15.03	15.18
固定二氧化碳价值	0.06	0.06
空气净化价值	0.11	0.07
水体净化价值	0.3872	0.3896
交通噪声消减价值	6.39	6.21
海岸线防护价值	1.56	1.51
生态系统文化服务价值	572.28	615.93
休闲旅游价值	467.27	481.80
自然景观溢价值	87.53	109.45
康养服务价值	17.48	24.68
合计	1236.34	1338.60

7.6 云南省屏边县 GEP 核算试点

7.6.1 屏边县概况

屏边县位于云南省红河哈尼族彝族自治州东南部，是全国 5 个苗族自治县之一，是云南省唯一的苗族自治县。内与昆明、蒙自，外与越南首都河内毗邻。全县总面积 1906km²，总人口 15.6 万人，辖 1 个镇、6 个乡。

屏边县被誉为"中国最南端的春城"，地处低纬，受东南海洋暖湿气流的影响，境内湿润多雨，冬无严寒、夏无酷暑，为动植物的繁衍生息提供了有利条件。屏边县境内地势北高南低，由北向南倾斜。南溪河、新现河、那么果河流经全境，由于河流的切割，全县地貌形成了"四河三山六面坡"的总体结构，地形极其复杂，高山横亘连绵，重峦叠嶂，沟谷纵横，"V"形谷较多。

屏边县资源丰富，全县有森林面积130余万亩，活立木蓄积量605.6万 m³，森林覆盖率35.4%。境内有大围山国家级自然保护区，蕴藏着许多古老而珍稀的野生植物。南溪河、新现河、绿水河、那么果河流经全境。矿产资源主要有锑、铅、锌、钨、锰等有色金属和大理石、硅石、花岗石、无烟煤、磷等非金属矿。

目前，屏边县已被列为国家重点生态功能区、全国74个生态文明示范工程试点县之一。屏边县的生态区位重要，自然生态系统的生物多样性保护、水土保持等服务功能价值巨大。

7.6.2 屏边县生态系统生产总值

2015年，屏边县生态系统生产总值为180.79亿元，约为当年GDP总值的7.02倍。其中，生态系统调节服务总价值最高，为153.62亿元，占屏边县生态系统生产总值的84.98%；其次是生态系统物质产品价值，为13.91亿元，占屏边县生态系统生产总值的7.69%；生态系统文化服务总价值为13.26亿元，占屏边县生态系统生产总值的7.33%（图7-12）。

1）屏边县生态系统物质产品价值

2015年，屏边县生态系统物质产品总价值为13.91亿元，占屏边县GEP总值的7.69%。其中，农业产品总量为17.74万 t，价值为2.77亿元；林产品总量为0.78万 t，林业产品价值为1.42亿元；畜牧业产品总量为3.3万 t，畜牧业价值为4.18亿元；渔业产品总量为

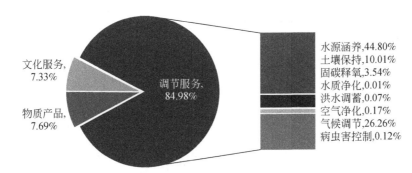

图 7-12　屏边县生态系统生产总值（GEP）构成

0.30 万 t，价值为 0.37 亿元；生态能源总量为 8.18 亿 kW·h，价值为 3.68 亿元；水资源总量为 0.64 万 t，价值为 1.49 亿元（表7-11）。

表 7-11　屏边县生态系统物质产品价值（2015 年）

指标	类型	内容	产量	产值（亿元）
农业产品	谷物	稻谷（万 t）	2.51	0.3212
		包谷（万 t）	3.69	0.4353
		小麦（万 t）	0.14	0.0125
		杂粮（万 t）	0.47	0.0397
	薯类	马铃薯（万 t）	0.40	0.0339
		其他薯（万 t）	0.23	0.0162
	豆类	大豆（万 t）	0.3308	0.0876
		杂豆（万 t）	0.3621	0.0799
	油料	花生（万 t）	0.07	0.0191
		油菜籽（万 t）	0.04	0.0109
	蔬菜	蔬菜（万 t）	0.26	0.2495
	糖类	甘蔗（万 t）	1.99	0.0558
	烤烟	烤烟（万 t）	0.05	0.1447
	水果	香蕉（万 t）	1.14	0.3646
		菠萝（万 t）	1.26	0.0729
		荔枝（万 t）	0.43	0.1694

续表

指标	类型	内容	产量	产值（亿元）
农业产品	中草药	药材（万 t）	0.26	0.2495
	茶叶	茶叶（万 t）	0.16	0.1247
	合计	—	17.74	2.77
林业产品	木材	木材（万 m³）	2.45	0.1713
		竹材（万根）	0.40	0.0002
	其他林产品	草果（t）	2713.80	1.0041
		枇杷（t）	1061.10	0.0424
		八角（t）	3391.80	0.1764
	合计	—	—	1.4218
畜牧业产品	畜禽出栏数	牛大牲畜出栏数（万头）	0.38	0.0617
		羊出栏数（万只）	0.63	0.0193
		猪出栏数（万头）	37.00	3.7449
		家禽出栏数（万只）	171.49	0.2582
	禽蛋	禽蛋（t）	1089	0.0957
	合计	—	—	4.1801
渔业产品	淡水产品	罗非鱼（t）	135	0.0163
		鲤鱼（t）	1945	0.2355
		草鱼（t）	700	0.0848
		鲫鱼（t）	156	0.0188
	合计	—	2936	0.3741
水资源	农业用水	农业用水量（万 t）	6000	1.38
	工业用水	工业用水量（万 t）	94	0.0695
	生态用水	生态用水量（万 t）	35	0.0282
	生活用水	生活用水量（万 t）	316	0.0077
	合计	—	6445	1.4854
生态能源	水能	发电量（亿 kW·h）	8.1763	3.68
	合计	—	8.1763	3.68
总计			—	13.91

注：因统计方法和小数点原因，加和不完全一致

2) 屏边县生态系统调节服务价值

屏边县生态系统调节服务总价值为 153.62 亿元，占 GEP 的 84.98%。其中，水源涵养价值最高，为 80.99 亿元，占 GEP 的 44.80%；其次是气候调节价值最高，为 47.48 亿元，占 GEP 的 26.26%；其余的减少泥沙淤积价值、洪水调蓄价值、空气净化价值、水质净化价值、固碳释氧价值、病虫害控制价值总计为 25.15 亿元，占总价值的 13.91%（表7-12）。

表7-12　屏边县生态系统调节服务功能量与价值量（2015 年）

服务功能	核算指标	功能量	单位	单价	价值量（亿元）	总价值（亿元）
水源涵养	水源涵养量	9.99	亿 m³	8.10 元/m³	80.99	80.99
土壤保持	减少泥沙淤积量	0.26	亿 m³	17.88 元/m³	4.65	18.09
	减少氮面源污染	0.0052	亿 t	1750 元/t	9.16	
	减少磷面源污染	0.0015	亿 t	2800 元/t	4.28	
洪水调蓄	水库调蓄量	0.0153	亿 m³	8.10 元/m³	0.12	0.12
空气净化	净化二氧化硫量	2.35	万 t	1260 元/t	0.3	0.31
	净化氮氧化物量	0.09	万 t	1260 元/t	0.01	
	净化工业粉尘量	0.06	万 t	150 元/t	0.001	
水质净化	净化 COD 量	0.08	万 t	1400 元/t	0.01	0.01
	净化总氮量	0.01	万 t	1750 元/t	0.001	
	净化总磷量	0.01	万 t	2800 元/t	0.002	
固碳释氧	固碳量	0.007	亿 t	386 元/t	2.69	6.4
	释氧量	0.0051	亿 t	732 元/t	3.71	
气候调节	植被蒸腾降温增湿	85.51	亿 kW·h	0.53 元/(kW·h)	45.32	47.48
	水面蒸发降温增湿	4.08	亿 kW·h	0.53 元/(kW·h)	2.16	
病虫害控制	森林病虫害控制面积	0.0007	亿亩	310.29 元/亩	0.22	0.22
合计					153.62	153.62

（1）水源涵养价值。

2015 年屏边县生态系统水源涵养总量为 9.99 亿 m^3。

2015 年屏边县生态系统蓄水保水价值为 80.99 亿元，占 GEP 的 44.80%。

（2）土壤保持价值。

2015 年屏边县生态系统土壤保持总量为 1.14 亿 t。推算得出，因生态系统土壤保持功能减少的泥沙淤积量为 0.26 亿 m^3。

生态系统土壤保持价值主要表现在减少泥沙淤积和减少面源污染两个方面。减少泥沙淤积价值为 4.65 亿元，因土壤保持功能减少氮面源功能量为 0.0052 亿 t，减少氮面源污染价值为 9.16 亿元，减少磷面源污染功能量为 0.0015 亿 t，减少磷面源污染价值为 4.28 亿元。

屏边县土壤保持功能价值为 18.09 亿元，占 GEP 的 10.01%。

（3）洪水调蓄价值。

2015 年，屏边县（水库）洪水调蓄能力为 0.0153 亿 m^3，水库洪水调蓄能力为 0.0153 亿 m^3。

洪水调蓄价值主要体现在减轻洪水威胁的经济价值，2015 年洪水调蓄总价值为 0.12 亿元，占 GEP 的 0.07%。

（4）空气净化价值。

2015 年屏边县生态系统大气污染物净化量为 2.50 万 t。其中，生态系统净化二氧化硫量为 2.35 万 t，生态系统净化氮氧化物量为 0.09 万 t，生态系统滞尘量为 0.06 万 t。

2015 年生态系统空气净化总价值为 0.31 亿元，占 GEP 的 0.17%。其中，二氧化硫治理价值为 0.30 亿元；氮氧化物治理价值为 0.01 亿元；工业粉尘治理价值为 0.001 亿元。

（5）水质净化价值。

2015 年屏边县水质污染物净化量为 0.1 万 t。其中，COD 净化量为 0.08 万 t，氨氮净化量为 0.01 万 t，总磷净化量为 0.01 万 t。

2015 年生态系统水质净化总价值为 0.01 亿元, 其中, COD 治理价值为 0.01 亿元; 总氮治理价值为 0.001 亿元; 总氮治理价值为 0.002 亿元。

（6）固碳释氧价值。

2015 年, 生态系统固定二氧化碳量为 0.007 亿 t, 释放氧气量为 0.0051 亿 t。

2015 年屏边县生态系统固碳释氧总价值为 6.40 亿元, 占 GEP 的 3.54%, 其中, 固碳价值为 2.69 亿元, 释氧价值为 3.71 亿元。

（7）气候调节价值。

2015 年, 屏边县因植被蒸腾吸热总消耗能量为 85.51 亿 kW·h, 其中, 森林蒸腾吸热消耗能量为 78.59 亿 kW·h; 灌丛蒸腾吸热消耗能量为 2.89 亿 kW·h; 草地蒸腾吸热消耗能量为 4.03 亿 kW·h。

2015 年屏边县水面蒸发消耗能量为 4.08 亿 kW·h。2015 年, 屏边县生态系统消耗总热量为 89.59 亿 kW·h。

2015 年屏边县气候调节总价值为 47.48 亿元, 占 GEP 的 26.26%, 其中, 植被蒸腾降温增湿价值为 45.32 亿元; 水面蒸发降温增湿价值为 2.16 亿元。

（8）病虫害控制价值。

2015 年, 屏边县天然林面积为 0.0007 亿亩, 人工林病虫害防治成本为 310.29 元/亩, 则森林病虫害控制价值为 0.22 亿元, 占 GEP 的 0.12%。

3）屏边县生态系统文化服务价值

2015 年, 全县游客总数为 51.18 万人次, 旅游总收入为 4.42 亿元。

根据核算, 2015 年屏边县生态文化服务价值为 13.26 亿元, 占 GEP 的 7.33%。

7.6.3 屏边县生态系统生产总值变化

2000～2015年，屏边县生态系统生产总值（GEP）从2000年的117.29亿元增加到2015年的180.79亿元，16年间屏边县的GEP增加了19.73%。

2000～2015年，物质产品价值、调节服务价值、文化服务价值呈不同程度的增强，16年分别增长133.23%、6.47%、1668%。

2010～2015年，屏边县生态系统生产总值（GEP）核算10个单项指标中，水源涵养价值和固碳释氧价值呈降低趋势；而其余8项服务功能价值呈增加趋势，其中文化服务价值增幅最大，其次是物质产品价值、洪水调蓄价值；其中多数功能呈增加趋势主要与屏边县16年间森林、灌丛和草地面积变化有关，2000～2015年，屏边县森林、灌丛和草地总面积增加了20%，其中森林面积增加52.49%。病虫害控制16年间呈增长趋势，功能量由2000年的0.0006亿亩增加到2015年的0.0007亿亩，共增加0.0001亿亩，价值量由2000年的0.13亿元增长到2015年的0.22亿元，增幅为16.67%（表7-13）。

表7-13 屏边县生态系统生产总值变化（2000～2015年）

功能类别	核算科目	2000年价值（亿元）	2015年价值（亿元）	2000～2015年变化	
				价值（亿元）	变幅（%）
物质产品	物质产品	农业产品	0.9	2.77	1.49	116.17
		林业产品	0.18	1.42	1.17	467.03
		畜牧业产品	0.73	4.18	3.15	304.35
		渔业产品	0.02	0.37	0.35	1524.08
		生态能源	0.89	3.68	2.42	192.94

功能类别	核算科目		2000 年 价值 （亿元）	2015 年 价值 （亿元）	2000 ~ 2015 年变化	
					价值 （亿元）	变幅 （%）
物质产品	物质产品	水资源	1.5	1.49	-0.63	-29.92
		其他	0	0	0	0.00
调节功能	水源涵养	水源涵养量	80.01	80.99	-0.12	-0.15
	土壤保持	减少泥沙淤积	3.26	4.65	0.02	0.51
		减少氮面源污染	4.56	9.16	0.05	0.51
		减少磷面源污染	4.26	4.28	0.02	0.51
	洪水调蓄	水库调蓄量	0.05	0.12	0.06	86.72
	空气净化	净化二氧化硫	0.113	0.30	0.07	30.91
		净化氮氧化物	0.005	0.011	0.00	16.63
		净化工业粉尘	0.001	0.001	0.00	45.20
调节功能	水质净化	净化 COD	0.003	0.011	0.00	75.06
		净化总氮	0.000	0.001	0.00	75.06
		净化总磷	0.001	0.002	0.00	75.06
	固碳释氧	固碳	2.79	2.69	-1.27	-32.14
		释氧	4.63	3.71	-1.76	-32.14
	气候调节	植被蒸腾降温增湿	34.02	45.32	11.30	33.21
		水面蒸发降温增湿	1.24	2.16	0.93	75.06
	病虫害控制	病虫害控制	0.13	0.22	0.03	16.67
文化功能	自然景观	景观游憩价值	0.75	13.26	12.51	1668.00
合计			117.29	180.79	29.79	19.73

7.7 浙江省德清县 GEP 核算试点

7.7.1 德清县概况

德清县位于浙北杭嘉湖平原西部，居天目山东北，东苕溪中游，东邻桐乡，南毗余杭，西界安吉，北接湖州，东西长约 54.75km，南北宽约 29.75km，面积约 938km²，属太湖流域长江三角洲经济区，全县辖 5 个街道、8 个镇。户籍总人口约 44 万人。德清县生态、文化资源丰富，素有"名山之胜，鱼米之乡，丝绸之府，竹茶之地，文化之邦"的美誉。

德清县地势西高东低，坡度自西向东逐渐缓平。全县丘陵山地面积 370km²，主要山地集中在西部山区。呈西南至北东方向伸展，海拔最高约 748m，为天目山脉北支余脉，群山连绵，林木葱郁，以中外闻名的旅游避暑胜地莫干山为代表。全县平原面积（包括水域）560km²，位于东苕溪以东地区属湖海沼淤积平原，面积约 440km²，地势平坦，河流交织成网，河荡星罗棋布，局部地区有低山丘陵点缀，海拔 3~5m。

德清县东部以河流、池塘居多；西部以溪潭、山塘、水库为主，全县分东苕溪、运河两大水系。全县多年平均径流总量（水资源总量）约 6 亿 m³，其中，地表径流约 5.5 亿 m³（不含山丘区渗入地下的 0.38 亿 m³），地下径流 0.66 亿 m³。

2013 年德清县入围中国中小城市综合力百强县。2016 年，德清县被列为第二批国家新型城镇化综合试点地区。2018 年 12 月，当选中国工业百强县（市）。2018 年 10 月，入选 2018 年度全国综合实力百强县、全国科技创新百强县（市）。2018 年地区生产总值 517.0 亿元，其中，第一产业占比 4.3%，第二产业占比 51.7%（工业产值占地区生产总值的 48%），第三产业占比 43.9%。

德清县 2018 年主要土地利用类型包括森林（20.0%）、灌丛（16.4%）、农田（27.6%）、湿地（19.7%）及城乡建设用地（15.3%）。

7.7.2 德清县生态系统生产总值

2018 年德清县生态系统生产总值为 1270.6 亿元，其构成分别是调节服务（61.8%）、文化服务（35.0%）和物质产品服务（3.2%），为同年 GDP 的 2.5 倍。

1）德清县生态系统物质产品价值

2018 年德清县生态系统物质产品价值为 40.67 亿元。其中，农业产品 7.55 亿元，林业产品 5.13 亿元，畜牧业产品 4.25 亿元，渔业产品 19.22 亿元，水源提供（淡水）4.52 亿元。

2）德清县生态系统调节服务价值

（1）土壤保持价值。

2018 年德清县因生态系统土壤保持服务而减少的实际泥沙淤积量为 1383.9 万 m^3，产生的相应价值为 37 157.2 万元。

（2）洪水调蓄价值。

德清县暴雨期的陆地雨洪调蓄量、河湖及水库可调蓄量的总和即为总调蓄量。2018 年德清县生态系统暴雨调蓄总量为 17 580.3 万 m^3，比 2010 年及 2000 年分别增加 400.6 万 m^3 和 634.7 万 m^3。2018 年德清县生态系统洪水调蓄价值为 45.95 亿元。

（3）固碳释氧价值。

2018 年德清县固碳总量为 159.8 万 t，释氧总量为 116.6 万 t，2018 产生的固碳释氧总价值为 14.71 亿元。

（4）空气净化价值。

2018 年德清县全年净化二氧化硫总量为 6519.2t，净化氮氧化物总量为 301.6t，滞尘总量为 139.8t，2018 年空气净化总价值为 1382.8 万元。

（5）水质净化价值。

以生态系统截留的氮磷量、土壤保持减少的氮磷流失这两项作为核算水质净化价值的基础。2018 年生态系统共净化总氮 26 405.4t，净化总磷 15 491.0t，产生水质净化价值为 40 768.7 万元。

（6）气候调节价值。

生态系统的水面蒸发和植被蒸腾是气候调节的主要物质基础。

2018 年德清县生态系统的降温功能总量为 1209.0 亿 kW·h，产生的总降温价值为 652.9 亿元。

（7）水源涵养价值。

2018 年德清县全年水源涵养总量为 25 485.9 万 m³，采用替代成本法，估算出 2018 年德清县水源涵养价值为 64.26 亿元。

3）德清县生态系统文化服务价值

2018 年德清县接纳游客 2380.4 万人次，全年旅游收入 260.2 亿元。据此 2018 年德清县生态系统的文化服务价值为 444.16 亿元。

7.7.3　德清县生态系统生产总值变化

2018 年生态系统生产总值分别是 2010 年和 2000 年的 1.48 倍、1.63 倍。2000～2018 年，德清县生态系统文化服务价值的增幅最大，物质产品和调节服务价值的变化较小（图 7-13，表 7-14）。

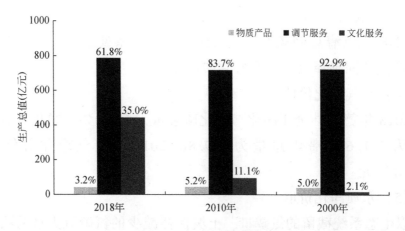

图 7-13　德清县 2000～2018 年生态系统生产总值及其构成

表 7-14　德清县 2000～2018 年生态系统生产总值

类别	科目	生态系统生产总值（亿元）		
		2018 年	2010 年	2000 年
物质产品	农林牧渔	36.15	40.07	35.66
	淡水	4.52	4.45	3.62
调节服务	土壤保持	3.72	3.479	3.28
	洪水调蓄	45.95	44.94	44.35
	固碳释氧	14.71	11.27	11.74
	空气净化	0.1383	0.1284	0.1094
	水质净化	4.08	3.93	3.86
	气候调节	652.9	594.03	603.13
	水源涵养	64.26	60.55	57.49
	小计	785.77	718.33	723.95
文化服务		444.16	95.73	16.39
合计		1270.6	858.58	779.62

| 8 |　　结论与建议

8.1　主要结论

8.1.1　生态资产

本书对 2000 年和 2015 年全国森林、灌丛、草地与湿地等生态资产的数量和质量、空间分布及变化等进行了定量估算和分析,实现了对中国生态资产总体状况的整体把握,为生态资产监管和保护及编制自然资源资产负债表提供了方法和数据支撑,有助于推动全国生态文明的建设和发展。研究形成了如下结论。

2015 年,全国生态资产总面积为 562.39 万 km^2。其中,森林生态资产面积占比 34.13%(191.98 万 km^2),优、良等级质量森林生态资产面积占比分别为 9.02%、18.93%;灌丛生态资产面积占比 12.02%(67.58 万 km^2),优、良等级质量灌丛生态资产面积占比分别为 13.29%、9.91%;草地生态资产面积占比 47.41%(266.65 万 km^2),优、良等级质量草地生态资产面积占比分别为 13.46%、10.29%;湿地生态资产面积占比 6.43%(36.18 万 km^2),优、良等级质量湿地生态资产面积占比分别为 3.26%、45.29%。

2000~2015 年,全国生态资产总面积明显增加,除草地生态资产外,其他类型生态资产面积均有所增加,其中,森林生态资产面积提高 6.54%(11.79 万 km^2),灌丛生态资产面积提高 8.84%(5.49 万

km^2），草地生态资产面积下降 3.07%（8.46 万 km^2）；全国生态资产的质量状况明显好转，优级和良级生态资产的占比明显提高。

综合来看，全国生态资产综合指数显著提升，其中，森林生态资产指数提升最多（33.59%），其次是灌丛生态资产（24.91%），草地生态资产增加最少（16.77%）。生态资产状况明显改善的地区集中分布在三江源、黄土高原、小兴安岭、长白山、太行山、南岭及四川等地区。

8.1.2 生态系统生产总值

全国生态系统生产总值（GEP）核算指标由生态系统物质产品、生态系统调节功能、生态系统文化功能 3 项 17 个指标构成，其中，生态系统物质产品服务价值核算包括农业产品、林业产品、畜牧业产品、渔业产品、水资源、生态能源、其他 7 个指标；生态系统调节服务价值核算包括水源涵养、土壤保持、防风固沙、洪水调蓄、空气净化、水质净化、固碳释氧、气候调节、病虫害控制 9 个指标；生态系统文化服务价值核算包括休闲旅游 1 个指标。

本书对 2015 年全国 11 类生态系统生产总值指标进行了功能量评估和价值量核算，实现了对中国生态系统运行总体情况的定量刻画，明确了生态系统所提供的各类产品和服务对经济社会发展的支撑作用，为编制自然资源资产负债表提供了基础与依据，有力推动"自然资源资产离任审计"制度的实施，为全国生态文明建设提供助力。

（1）2015 年，全国生态系统生产总值（GEP）为 626 975.33 亿元。其中，生态系统物质产品总价值为 113 664.58 亿元，占全国生态系统生产总值的 18.13%；生态系统调节服务总价值为 461 472.07 亿元，占全国生态系统生产总值的 73.6%；生态系统文化服务总价值为 51 838.68 亿元，占全国生态系统生产总值的 8.27%。

2000~2015 年，我国生态系统生产总值（GEP）从 2000 年的

415 015. 25 亿元增加到 2015 年的 626 975. 33 亿元，剔除物价因素，共增加 143 624. 84 亿元，实际增长率为 29. 71%。2000～2015 年，物质产品价值、调节服务价值、文化服务价值均呈不同程度增加。增幅最大的是文化服务价值，其次是物质产品价值。

（2）在 2000～2015 年的 16 年间，我国物质产品服务表现出强劲发展势头，农业、畜牧业、渔业生产能力不断提高，产量不断增加，2015 年物质产品价值达到 113 664. 58 亿元，相比 2000 年，16 年间物质产品价值增加了 168. 28%，为我国的经济发展和人民生活提供了坚实的物质基础。全国 31 个省（自治区、直辖市）中，山东、四川、河南和江苏是主要的物质产品大省，提供了全国 28. 2% 的农林牧渔产品。

（3）各类自然景观为我们提供的休闲旅游功能得到了充分的体现，自然景观的文化服务价值不断攀升，2015 年全国文化服务价值达到 51 838. 68 亿元，在 16 年间提高了 778. 41%。其中四川和贵州的自然景观文化服务功能体现得最为充分，二者文化服务价值量占全国文化服务功能价值总量的 16. 5%。生态旅游已成为我国经济发展的新增长点。

（4）物质产品和文化服务价值不断提高的同时，全国生态系统调节服务总价值在 16 年间相对较为稳定，2015 年全国调节服务总价值为 461 472. 07 亿元，相对 2000 年增长了 6. 07%，但经济和社会的发展对生态系统调节服务功能的负面影响也不容忽视。例如，山东、黑龙江、江西、江苏、北京、上海及天津的调节服务价值均出现不同程度降低，需要加强管理。

生活和工业污水在得不到有效处理的条件下大量排入自然河流、湖泊、水库，对水体造成严重污染的同时，水质净化功能也被严重削弱，在过去的 16 年间表现出明显的下降趋势，其中以北京、上海、天津、黑龙江、吉林、辽宁及广东下降尤为明显，其中上海、吉林和黑龙江的水质净化功能已削弱 1/4 以上。

随着我国城市化进程的不断加快，城市绿地、湿地面积日趋萎缩，生态系统洪水调蓄能力丧失，水源涵养能力下降，每逢暴雨季节造成的城市内涝问题日趋严重，这在北京、上海、天津等特大型城市显得尤为突出，如上海市在16年间已丧失近一半（47.3%）的水源涵养功能，北京则丧失了43%的洪水调蓄能力，天津丧失了17.2%的水源涵养能力、5%的洪水调蓄能力。

（5）从GDP与GEP的比值来看，全国综合资源环境开发强度较为适度，但各地区开发轻度轻重不一，除上海、北京、天津3个特大型城市外，山东、江苏、广东、河南、河北、浙江、辽宁、宁夏8个省（自治区）属于对资源环境高强度以上开发的区域，重庆、山西、吉林、陕西、安徽和福建则属于对资源环境中等强度开发的区域，而贵州、内蒙古、江西、广西、海南、云南、新疆、青海和西藏等则属于对资源环境低强度开发的区域。

在全国选择不同生态地理区的省、市、县级单元（贵州省、青海省、内蒙古自治区，浙江省丽水市、江西省抚州市、广东省深圳市、吉林省通化市、贵州省黔东南州、内蒙古自治区兴安盟、四川省甘孜州，内蒙古自治区阿尔山市、贵州省习水县、云南省峨山县和屏边县、浙江省德清县等），开展案例示范研究。

（1）研究案例中，基于2015年可比价核算的生态系统生产总值最高的案例区为内蒙古自治区，达到39 350.65亿元。地级案例区中四川省甘孜州生态系统生产总值最高，为9076.30亿元，其次是浙江省丽水市和贵州省黔东南州，分别为4748.88亿元和4136.34亿元。县级案例区包括内蒙古阿尔山市、贵州省习水县、云南省的屏边县和峨山县、浙江省德清县，其中浙江省德清县生态系统生产总值最高，达到1200.91亿元。

（2）单位面积生态系统生产总值最高的案例区为浙江省德清县，达12 802.89万元/km²；其次是广东省深圳市，单位面积GEP为7800.01万元/km²；其他案例区中丽水市、黔东南州及贵州省的单位面积 GEP 较高。人均生态系统生产总值最高的案例区为阿尔山市，达到 972 214.29 元；其次是甘孜州，为 823 544.7 元。从生态系统生产总值与当年国内生产总值的比值（GEP∶GDP）来看，甘孜州的比值最高，达到 42.56 倍；其他各案例区除青海、深圳外，均高于全国 GEP∶GDP。2000~2015 年，各研究案例区中，除兴安盟小幅下降（-0.04%）外，其他案例区的 GEP 均有所增加。增幅最大的是青海省（74.9%）、贵州省黔东南州（60.62%）。

8.2　政 策 建 议

"绿水青山就是金山银山"论断指出了自然生态系统不仅为人类提供了丰富的生态产品与服务，具有巨大的生态效益，同时其生态价值还可以转化为经济效益，造福人们。开展生态产品与服务价值核算是认识生态价值、将生态价值转化为经济效益的基础。

加强对生态资产的保护和管理是实现"绿水青山就是金山银山"的基础和保障，是实现生态文明建设的重要基石。生态资产的保护和管理应做到以下几点：①明晰生态资产的保护范围。基于生态保护红线、自然保护区和国家公园及重要生态功能区等明确需要保护的区域，再结合各个地区的实际，进一步明确需要保护重要区域和重点区域。②明确生态资产的保护和管理的权责。生态资产保护和管理一定要明确相关的责任单位部门和责任人，理清相关责任和义务，将生态资产的保护和管理落到实处。③加强生态评估和考核。建立一套科学合理的生态资产评估方法，编制生态资产负债表，定期对生态资产进行评估，并将其纳入政绩考核当中，针对生态资产下降的区域要实行问责并追究相关法律责任。

针对一定地区的 GEP 核算是在分析评估该地区生态系统提供的各类生态产品与服务及其功能量的基础上，运用经济学方法，将生态产品与服务的功能量转换成经济（货币）价值量，计算该地区生态产品与服务的总价值。GEP 的大小反映了一个地区的生态系统对人类福祉与经济发展的贡献。

一个地区生态系统改善与退化直接影响其提供生态产品与服务的能力。因此 GEP 核算可以用来评估生态保护成效，GEP 升高，表明生态保护有成效。反之，若 GEP 下降，则表明生态系统在退化，生态系统受到破坏。因此，生态保护与恢复本质上是增加生态系统面积、改善生态系统质量、提高生态系统提供生态产品与服务能力的过程，也就是投资生态资产，使生态资产提升增值的过程。

全国的 GEP 及各试点区核算研究表明：一是现有生态环境监测数据基本上可以支持 GEP 核算；二是 GEP 可以反映一个地区的生态系统对当地居民和周边地区的贡献与生态效益；三是 GEP 变化可以反映一个地区的生态保护成效，以及发展和保护的协调关系；四是 GEP 核算结果可以为进一步开展生态产品现实机制研究，将生态产品的生态价值转化为经济效益提供依据。

GEP 核算还是一个新的概念与方法，为了使之成为一个有效政策工具，还需要开展以下几个方面的工作。

（1）推动统计、自然资源、生态环境监督等管理部门建立基于 GEP 核算的生态保护与生态恢复成效评估机制，定期发布 GEP 核算报告，加快推动体现生态价值的生态文明考核体系，将生态系统生产总值（GEP）核算纳入我国生态文明建设考核体系。促进我国生态保护与恢复工作更多围绕"提供更多优质生态产品以满足人民日益增长的优美生态环境需要"的宏伟目标，为生态文明建设和促进人与自然和谐共生做出贡献。GEP 应是强制性的衡量生态盈亏的指标，应纳入各级政府的生态文明建设考核体系。在各级政府部门建立 GEP 核算体系，通过 GEP 定期核算量化"绿水青山就是金山银山"，量化生态资产，量化生态系统服务供给能力。通过生态系统生产总值（GEP）考核各级政府在生态保护、恢复和管理中所取得的成效，考核生态环境损害的代价和保护恢复的效益，明确生态环境效益关键区域，为生态效益补偿、水交易和碳交易等提供量化的依据，将 GEP 作为资源消耗、环境损害、生态效益考核体系的支撑指标，使 GEP 成为考核各级政府生态文明建设绩效的生态"指挥棒"。

（2）积极在全国不同生态地理区开展 GEP 核算试点，探索与拓展 GEP 核算应用领域。例如，在重点生态功能区，通过 GEP 核算重点评估生态保护成效与业绩；在城市化地区或经济较发达地区，将 GEP 核算和 GDP 统计结合，重点评估发展与保护的协调关系，考核生态文明建设进程；在绿色发展领域，重点探索生态产品实现机制，研究示范不同生态产品与服务价值化的政策机制、市场化机制和技术路径，让生态产品与服务供给者获得经济效益，让生态产品与服务的受益者为其付费，以促进生态产品与服务的可持续供给。

（3）将生态系统生产总值（GEP）作为限制开发区域和生态脆弱的国家扶贫开发重点县的领导干部绩效考核和离任审计指标。建立体现生态文明要求的目标体系、考核办法、奖惩机制，深化资源性产品价格和税费改革，建立反映市场供求和资源稀缺程度、体现生态价值和代际补偿的资源有偿使用制度，健全生态环境保护责任追究制度和环境损害赔偿制度，引导全社会参与保护生态系统、恢复生态服务功能、遏制生存环境的恶化。生态系统生产总值（GEP）核算可以直接反映区域内一定时期的生态环境的状态和变化情况，并且可以分解到具体的生态系统提供的产品和服务及生态资产，能够直接与相关部门的绩效挂钩、量化领导干部关于生态文明建设的进展情况，因此，生态系统生产总值（GEP）是衡量领导干部绩效的重要指标。在领导干部离任时，通过审核任期内的生态系统生产总值（GEP）变化情况作为领导干部离任审计的定量指标，反映领导干部的绩效和责任。

（4）鼓励优化开发区和重点开发区实施 GDP 与 GEP 双增长政策，让 GEP 进规划、进项目、进考核、进决策，把 GEP 提升为与 GDP 同等重要的"指挥棒"。"进规划"就是将 GEP 增长纳入社会经济发展五年规划，落实到具体的生态环境保护项目上；"进考核"就是将

GEP 增长纳入各级政府考核指标中，成为各级政府的日常工作任务；"进决策"要求在经济和保护决策中，尤其是重大建设项目的审批中，评估政策与项目对 GEP 和生态资产的影响，成为落实生态文明建设的重要抓手。除了这"四进"，还可以推动 GEP "进监测、进补偿、进交易"，将 GEP 进入生态监测体系、纳入生态补偿考核评估，让生态产品进入市场化交易，探索生态产品价值实现机制等。

（5）利用建立区域与国家生态监测体系的契机，将 GEP 核算要求的指标和参数纳入生态监测体系，加强生态系统生产总值（GEP）核算能力建设，为将 GEP 核算纳入社会经济考核评估体系提供基础。当前政府部门的综合能力并不能完全满足生态系统生产总值（GEP）核算的数据需求。生态系统生产总值（GEP）核算是全新的核算体系，在数据采集、处理、核算和分析应用方面需要有专业队伍来完成，要开展相关方面的队伍建设及管理和技术人员培训，需要建立国家和省级层面的专业队伍，提供技术支撑，同时也要在各级政府部门，包括审计部门培养专业人员、设立专门的机构开展生态系统生产总值（GEP）核算审计业务。在开展生态系统生产总值（GEP）试点研究过程中，我们发现县、乡两级政府相关部门的人员能力存在着很大的差距，需要结合基层组织建设，大力开展县、乡能力建设，输送和培训相关技术人才。

（6）健全和完善生态补偿制度，贯彻生态文明制度的公平思想。中国巨大的自然环境差异造成了东西部经济发展迥异：东部在多年快速发展的经济和社会压力下，环境负荷过大、自然资源供需矛盾日益突出，各类环境问题日趋凸显；而西部地区是我国江河源头、天然林与生物多样性保护重要区，生态安全地位极为重要，虽然各类自然资源极为丰富，但鉴于生态保护的重要性，多年来重保护轻经济，造成西部区域社会经济发展远远落后于东南部地区。在此背景下我国政府很早就提出了生态补偿措施以补偿西部省份为生态保护所牺牲的经济效益。但在生态补偿的具体实践中，尚存在一些亟待解决的问题，如实施依据、实施期限、实施主体的确定、补偿力度与方式等方面尚存在一定的争议。生态系统生产总值（GEP）核算结果可为生态补偿提供科学合理的定量评价结果作为借鉴，以推动生态补偿制度的健全和完善。

（7）大力发展绿色产业，夯实生态文明的建设基础。健康的生态系统是持续提供生态产品与服务的保障，也是人类经济与社会的宝贵资本，在依靠自然资源与资产提高人类自身生活与消费水平的同时，应以保障生态环境不受损害或以最小损害为前提，大力发展包括农业、林业、牧业、渔业、工业、能源业、城市化建设等在内的绿色生产和消费是生态文明建设的坚实基础。对农牧业等生产型产业，要加快推进农业产业结构调整和产业布局，加快农业科技创新、优化农牧业优良品种结构，不断提高单位生产能力，同时降低农药、化肥对环境的影响；对工业需要加快技术创新，提高原料开发利用率和回收循环率，严格实施节能减排，合理布局工业产业结构和产业链，优先发展技术和知识密集型工业；对能源业要促进各种绿色能源的开采和清洁利用，大力发展可再生能源，推动交通运输业的绿色化，从煤炭型经济向绿色、多元、低碳能源经济发展转变。

（8）进一步加强理论和方法研究，尤其需要生态学与经济学的合作，解决在核算过程中面临的生态产品与服务的类型界定不明确、价值属性不清晰、供给者与消费者权益不明等问题；提高生态产品与服务功能量核算时效性与准确性，以及不同生态产品与服务的定价精度。充分吸收国际上在生态系统服务研究领域的最新研究成果，制定 GEP 核算的技术规程与核算标准。

参 考 文 献

白玛卓嘎, 肖燚, 欧阳志云, 等. 2017. 甘孜藏族自治州生态系统生产总值核算研究. 生态学报, 37 (19): 6302-6312.

白玛卓嘎, 肖燚, 欧阳志云, 等. 2020. 基于生态系统生产总值核算的习水县生态保护成效评估. 生态学报, 40 (2): 499-509.

白杨, 李晖, 王晓媛, 等. 2017. 云南省生态资产与生态系统生产总值核算体系研究. 自然资源学报, 32: 1100-1112.

博文静, 王莉雁, 操建华, 等. 2017. 中国森林生态资产价值评估. 生态学报, 37 (12): 4182-4190.

操建华, 孙若梅. 2015. 自然资源资产负债表的编制框架研究. 生态经济, 31: 25-28, 40.

陈立双. 2001. 浅析农户的农业投资行为. 沈阳农业大学学报, 3 (3): 189-191.

陈亮, 王如松, 李爱仙, 等. 2009. 区域自然资本与自然资本持续度评价——以北京市为案例. 生态环境, 12 (16): 51-55.

陈应发. 1996a. 费用支出法———种实用的森林游憩价值评估方法. 生态经济, (3): 27-31.

陈应发. 1996b. 旅行费用法——国外最流行的森林游憩价值评估方法. 生态经济, (4): 35-38.

陈志良, 吴志峰, 夏念, 等. 2007. 中国生态资产估计研究进展. 生态环境, 16 (2): 680-685.

成程, 肖燚, 欧阳志云, 等. 2013. 张家界武陵源风景区自然景观价值评估. 生态学报, 33 (3): 771-779.

董天, 郑华, 肖燚, 等. 2017. 旅游资源使用价值评估的 ZTCM 和 TCIA 方法比较——以北京奥林匹克森林公园为例. 应用生态学报, 28 (8): 2605-2610.

董天, 张路, 肖燚, 等. 2019. 鄂尔多斯市生态资产和生态系统生产总值评估. 生态学报, 39 (9): 3062-3074.

高吉喜, 范小杉. 2007. 生态资产概念、特点与研究趋向. 环境科学研究, 34 (4): 375-384.

高敏雪, 张颖, 等. 2012. 综合环境经济核算与计量分析. 北京: 经济科学出版社.

高敏雪, 李静萍, 等. 2013. 国民经济核算原理与中国实践. 北京: 中国人民大学出版社.

龚诗涵，肖洋，方瑜，等．2016．中国森林生态系统地表径流调节特征．生态学报，36（22）：7472-7478．

龚诗涵，肖洋，郑华，等．2017．中国生态系统水源涵养空间特征及其影响因素．生态学报，37（7）：2455-2462．

国家林业局．2015．中国森林资源核算研究．北京：中国林业出版社．

何介南，康文星．2008．洞庭湖湿地对污染物的净化功能与价值．中南林业科技大学学报，28（2）：24-28，34-34．

侯鹏，翟俊，曹巍，等．2018．国家重点生态功能区生态状况变化与保护成效评估——以海南岛中部山区国家重点生态功能区为例．地理学报，73（3）：429-441．

侯元兆，吴水荣．2008．生态系统价值评估理论方法的最新进展及对我国流行概念的辨正．世界林业研究，21（5）：7-15．

荒漠生态系统服务功能监测与评估技术研究项目组．2014．荒漠生态系统功能评估与服务价值研究．北京：科学出版社．

黄斌斌，郑华，肖燚，等．2019．重点生态功能区生态资产保护成效及驱动力研究．中国环境管理，11（3）：14-23．

黄麟，曹巍，吴丹，等．2015．2000—2010年我国重点生态功能区生态系统变化状况．应用生态学报，26（9）：2758-2766．

黄石德，潘辉，王玉芹，等．2014．厦门14种主要树种吸收硫及固碳能力．城市环境与城市生态，27（1）：38-41，46-46．

黄兴文，陈百明．1999．中国生态资产区划的理论与应用．生态学报，19（5）：602-606．

黄耀欢，赵传朋，杨海军，等．2016．国家重点生态功能区人类活动空间变化及其聚集分析．资源科学，38（8）：1423-1433．

江波，张路，欧阳志云．2015．青海湖湿地生态系统服务价值评估．应用生态学报，26：3137-3144．

江波，陈媛媛，肖洋，等．2017．白洋淀湿地生态系统最终服务价值评估．生态学报，8：1-9．

靳乐山．1999．用旅行费用法评价圆明园的环境服务价值．环境保护，（4）：3-5．

靳乐山，刘晋宏，孔德帅．2019．将GEP纳入生态补偿绩效考核评估分析．生态学报，39（1）：24-36．

黎洁，李亚莉，邰秀军，等．2009．可持续生计分析框架下西部贫困退耕山区农户生计状况分析．中国农村观察，5：29-38．

李斌，李小云，左停．2004．农村发展中的生计途径研究与实践．农业技术经济，4：10-16．

李金昌．1999．要重视森林资源价值的计量和应用．林业资源管理，（5）：43-46．

李巍，李文军．2003．用改进的旅行费用法评估九寨沟的游憩价值．北京大学学报（自然科学版），（4）：548-555.

李文华，张彪，谢高地 . 2009. 中国生态系统服务研究的回顾与展望 . 自然资源学报，
24（1）：1-10.

李小云，董强，饶小龙，等 . 2007. 农户脆弱性分析方法及其本土化应用 . 中国农村经济，4：
32-37.

连纲，郭旭东，傅伯杰，等 . 2005. 基于参与性调查的农户对退耕政策及生态环境的认知与响
应 . 生态学报，25（7）：1741-1747.

刘璐璐，曹巍，吴丹，等 . 国家重点生态功能区生态系统服务时空格局及其变化特征 . 地理科
学：1-8.

刘魏魏，王效科，逯非，等 . 2015. 全球森林生态系统碳储量、固碳能力估算及其区域特征 .
应用生态学报，26（9）：2881-2890.

马立新，覃雪波，孙楠，等 . 2013. 大小兴安岭生态资产变化格局 . 生态学报，33（24）：
7838-7845.

马新辉，孙根年，任志远 . 2002. 西安市植被净化大气物质量的测定及其价值评价 . 干旱区资
源与环境，16（4）：83-86.

马彦林 . 2000. 干旱区绿洲可持续农业与农村经济发展机制与模式研究 . 地理科学，20（6）：
540-543.

欧阳进良，宇振荣，张凤荣 . 2003. 基于生态经济分区的土壤质量及其变化与农户行为分析 .
生态学报，23（6）：1147-1155.

欧阳志云 . 2017. 我国生态系统面临的问题与对策 . 中国国情国力，3：5-10.

欧阳志云，郑华 . 2014. 生态安全战略 . 北京：学习出版社；海口：海南出版社 .

欧阳志云，王如松，赵景柱 . 1999a. 生态系统服务功能及其生态经济价值评价 . 应用生态学
报，（5）：3-5.

欧阳志云，王效科，苗鸿 . 1999b. 中国陆地生态系统服务功能及其生态经济价值的初步研究 .
生态学报，19（5）：607-613.

欧阳志云，朱春全，杨广斌，等 . 2013. 生态系统生产总值核算：概念、核算方法与案例研究 .
生态学报，33（21）：6747-6761.

欧阳志云，张路，吴炳方，等 . 2015. 基于遥感技术的全国生态系统分类体系 . 生态学报，35：
219-226.

欧阳志云，郑华，谢高地，等 . 2016. 生态资产、生态补偿及生态文明科技贡献核算理论与技
术 . 生态学报，36（22）：7136-7139.

潘方杰，王宏志，王璐瑶 . 2018. 湖北省湖库洪水调蓄能力及其空间分异特征 . 长江流域资源
与环境，27（8）：1891-1900.

潘耀忠，史培军，朱文泉，等 . 2004. 中国陆地生态系统生态资产遥感定量测量 . 中国科学 D 辑，34（4）：375-384.

饶恩明，肖燚，欧阳志云，等 . 2013. 海南岛生态系统土壤保持功能空间特征及影响因素 . 生态学报，33（3）：746-755.

饶恩明，肖燚，欧阳志云，等 . 2014a. 中国湖泊水量调节能力及其动态变化 . 国家生态学报，34（21）：6225-6231.

饶恩明，肖燚，欧阳志云 . 2014b. 中国湖库洪水调蓄功能评价 . 自然资源学报，29（8）：1356-1365.

宋昌素，欧阳志云 . 2020. 面向生态效益评估的生态系统生产总值 GEP 核算研究——以青海省为例 . 生态学报，40（10）：3207-3217.

宋昌素，肖燚，博文静，等 . 2019. 生态资产评价方法研究——以青海省为例 . 生态学报，39（1）：9-23.

王健民，王如松 . 2002. 中国生态资产概论 . 南京：江苏科学技术出版社 .

王莉雁，肖燚，欧阳志云，等 . 2017. 国家级重点生态功能区县生态系统生产总值核算研究——以阿尔山市为例 . 中国人口·资源与环境，27（3）：146-154.

吴耀兴，康文星，郭清和，等 . 2009. 广州市城市森林对大气污染物吸收净化的功能价值 . 林业科学，45（5）：42-48.

肖寒，欧阳志云，赵景柱，等 . 2000a. 森林生态系统服务功能及其生态经济价值评估初探——以海南岛尖峰岭热带森林为例 . 应用生态学报，11（4）：481-484.

肖寒，欧阳志云，赵景柱，等 . 2000b. 海南岛生态系统土壤保持空间分布特征及生态经济价值评估 . 生态学报，20（4）：552-558.

肖强，肖洋，欧阳志云，等 . 2014. 重庆市森林生态系统服务功能价值评估 . 生态学报，34（1）：216-223.

肖洋，欧阳志云，王莉雁，等 . 2016. 内蒙古生态系统质量空间特征及其驱动力 . 生态学报，36（19）：6019-6030.

徐中民，张志强，程国栋 . 2000. 当代生态经济的综合研究综述 . 地球科学进展，（6）：688-694.

徐中民，张志强，程国栋，等 . 2001. 环境货币估价的定量探讨 . 生态经济，（12）：7-9.

徐中民，张志强，龙爱华，等 . 2003. 额济纳旗生态系统服务恢复价值评估方法的比较与应用 . 生态学报，（9）：1841-1850.

谢高地，鲁春霞，冷允法，等 . 2003. 青藏高原生态资产的价值评估 . 自然资源学报，18（2）：189-196.

谢高地，肖玉，鲁春霞 . 2006. 生态系统服务研究：进展、局限和基本范式 . 植物生态学报，

30 (2)：191-199.

杨光梅，李文华，闵庆文．2006. 生态系统服务价值评估研究进展——国外学者观点．生态学报，(1)：205-212.

游旭，何东进，肖燚，等．2019. 县域生态保护成效评估方法——以峨山县为例．生态学报，39 (9)：3051-3061.

游旭，何东进，肖燚，等．2020. 县域生态资产核算研究——以云南省屏边县为例．生态学报，40 (15)：5220-5229.

张彪，高吉喜，谢高地，等．2012. 北京城市绿地的蒸腾降温功能及其经济价值评估．生态学报，32 (24)：7698-7705.

张磊，吴炳方，李晓松，等．2014. 基于碳收支的中国土地覆被分类系统．生态学报，34 (24)：7158-7166.

赵同谦，欧阳志云，王效科，等．2003. 中国陆地地表水生态系统服务功能及其生态经济价值评价．自然资源学报，18 (4)：443-452.

赵同谦，欧阳志云，郑华，等．2004. 中国森林生态系统服务功能及其价值评价．自然资源学报，19 (4)：480-491.

赵勇，李树人，阎志平．2002. 城市绿地的滞尘效应及评价方法．华中农业大学学报，24 (6)：582-586.

中华人民共和国环境保护部．2015. HJ 192—2015 生态环境状况评价技术规范．北京：中国环境科学出版社．

中华人民共和国水利部．2002. 水利建筑工程预算定额．郑州：黄河水利出版社．

周彬，余新晓，陈丽华，等．2010. 基于 InVEST 模型的北京山区土壤侵蚀模拟．水土保持研究，17：9-13, 19.

邹梓颖，肖燚，欧阳志云，等．2019. 黔东南苗族侗族自治州生态保护成效评估．生态学报，39 (4)：1407-1415.

Daily G C，欧阳志云，郑华，等．2013. 保障自然资本与人类福祉：中国的创新与影响．生态学报，33 (3)：669-676.

Acharya G. 2000. Approaches to valuing the hidden hydrological services of wetland ecosystems. Ecological Economics，35：63-74.

Agarwala M，Atkinson G，Baldock C，et al. 2014. Natural capital accounting and climate change. Nat Clim Change，4：520-522.

Alton P B. 2018. Decadal trends in photosynthetic capacity and leaf area index inferred from satellite remote sensing for global vegetation types. Agric. For. Meteorol.，250：361-375.

Andersen R，Farrell C，Graf M，et al. 2017. An overview of the progress and challenges of peatland restoration in Western Europe. Restor. Ecol., 25: 271-282.

Azqueta D, Sotelsek D. 2007. Valuing nature: from environmental impacts to natural capital. Ecological Economics, 63: 22-30.

Balmford A, Bruner A, Cooper A, et al. 2002. Economic reasons for conserving wild nature. Science, 297: 950-953.

Barbier E B. 2014. Account for depreciation of natural capital. Nature, 515: 32-33.

Bateman I J, Mace G M, Fezzi C, et al. 2010. Economic analysis for ecosystem service assessments. Environmental and Resource Economics, 48: 177-218.

Bateman I J, Harwood A R, Mace G M, et al. 2013. Bringing ecosystem services into economic decision-making: land use in the United Kingdom. Science, 341: 45-50.

Bebbington A. 1999. Capitals and capabilities: a framework for analyzing peasant viability, rural livelihoods and poverty. World Development, 27 (12): 2021-2044.

Berglund M, Nilsson J M, Jonsson P R. 2012. Optimal selection of marine protected areas based on connectivity and habitat quality. Ecol. Model., 240: 105-112.

Beukering P J H, Cesar H S J, Janssen M A. 2003. Economic valuation of the Leuser national park on Sumatra, Indonesia. Ecological Economics, 44: 43-62.

Bjornskov C. 2003. The happy few: cross-country evidence on social capital and life satisfaction. Kyklos, 56 (1): 3-16.

Bommarco R, Vico G, Hallin S. 2018. Exploiting ecosystem services in agriculture for increased food security. Global Food Secur., 17: 57-63.

Boyer T, Polasky S. 2004. Valuing urban wetlands: a review of non-market valuation studies. Wetlands, 24: 744-755.

Boyle K, Bishop R. 1988. Welfare measurements using contingent valuation: a comparison of techniques. Am. J. Agri. Econ., 70: 20-28.

Brahma B, Pathak K, Lal R, et al. 2018. Ecosystem carbon sequestration through restoration of degraded lands in Northeast India. Land Degrad. Dev., 29: 15-25.

Brander L, Brouwer R, Wagtendonk A. 2013. Economic valuation of regulating services provided by wetlands in agricultural landscapes: a meta-analysis. Ecological Engineering, 56: 89-96.

Brown M T, Ulgiati S. 1999. Emergy evaluation of the biosphere and natural capital. Ambio, 28: 486-493.

Bryan B A, Gao L, Ye Y Q, et al. 2018. China's response to a national land-system sustainability emergency. Nature, 559 (7713): 193-204.

Butler C D, Oluoch-Kosura W. 2006. Linking future ecosystem services and future human well-being.

Ecology and Society, 11 (1): 30.

Campbell E T, Brown M T. 2012. Environmental accounting of natural capital and ecosystem services for the US National Forest System. Environment Developmement and Sustainability, 14: 691-724.

Cao S X, Chen L, Shankman D, et al. 2011. Excessive reliance on afforestation in China's arid and semi-arid regions: lessons in ecological restoration. Earth-Sci. Rev., 104: 240-245.

Carson R T. 1998. Valuation of tropical rainforests: philosophical and practical issues in the use of contingent valuation. Ecological Economics, 24 (1): 15-29.

Chambers R, Conway G. 1992. Sustainable Rural Livelihoods: Practical Concepts for the 21st Century. IDS Discussion Paper 296. Brighton: Institute of Development Studies.

Chen M H, Chen Y B, Guo G H, et al. 2012. Ecological property assessment in the rapidly urbanized region based on RS: a case study of dongguan. Journal of Natural Resources, 27 (4): 601-613.

Chen W, Zhao J, Cao C, et al. 2018. Shrub biomass estimation in semi-arid sandland ecosystem based on remote sensing technology. Global Ecol. Conserv., 16: e00479.

Costanza R, Daly H E. 1992. Natural capital and sustainable development. Conservation Biology, 6: 37-46.

Costanza R, d'Arge R, de Groot R, et al. 1997. The value of the world's ecosystem services and natural capital. Nature, 387 (6630): 253-260.

Costanza R, Kubiszewski I, Ervin D, et al. 2011. Valuing ecological systems and services. F1000 Biology Reports, 3: 14.

Cumming G S, Buerkert A, Hoffmann E M, et al. 2014. Implications of agricultural transitions and urbanization for ecosystem services. Nature, 515: 50-57.

Czucz B, Molnar Z, Horvath F, et al. 2012. Using the natural capital index framework as a scalable aggregation methodology for regional biodiversity indicators. J. Nat. Conserv., 20: 144-152.

Daily G C. 1997. Nature's Services: Societal Dependence on Natural Ecosystem. Washington D. C. : Island Press.

Daily G C, Söderqvist T, Aniyar S, et al. 2000. The value of nature and the nature of value. Science, 289: 395-396.

Daily G C, Polasky S, Goldstein J, et al. 2009. Ecosystem services in decision making: time to deliver. Frontiers in Ecology and the Environment, 7 (1): 21-28.

Dasgupta P. 2010. Nature's role in sustaining economic development. Philosophical Transactions of the Royal Society B, 365: 5-11.

de Groot R S, Wilson M A, Boumans R M J. 2002. A typology for the classification, description and valuation of ecosystem functions, goods and services. Ecological Economics, 41 (3): 393-408.

de Groot R S, Alkemade R, Braat L, et al. 2010. Challenges in integrating the concept of ecosystem services and values in landscape planning, management and decision making. Ecological Complexity, 7 (3): 260-272.

de Groot R, Brander L, van der Ploeg S, et al. 2012. Global estimates of the value of ecosystems and their services in monetary units. Ecosystem Services, 1: 50-61.

Deng L, Yang M, Marcoulides K M, 2018. Structural equation modeling with many variables: a systematic review of issues and developments. Front. Psychol., 9: 580.

Ehrlich P R, Kareiva P, Daily G C. 2012. Securing natural capital and expanding equity to rescale civilization. Nature, 486: 68-73.

Ekins P, Simon S, Deutsch L, et al. 2003. A framework for the practical application of the concepts of critical natural capital and strong sustainability. Ecological Economics, 44: 165-185.

Ellis F. 2000. Rural Livelihoods and Diversity in Developing Countries. New York: Oxford University Press.

European Communities. 2002. The european frame work for integrated environmental and economic accounting for forests–IEEAF. Luxembourg: Office for Official Publications of European Communities.

Fan J W, Shao Q Q, Liu J Y, et al. 2010. Assessment of effects of climate change and grazing activity on grassland yield in the Three Rivers Headwaters Region of Qinghai- Tibet Plateau, China. Environ. Monit. Assess, 170: 571-584.

FAO. 2004. Manual for Environmental and Economic Accounts for Forestry: A Tool for Cross- sectoral Policy Analysis. Rome: Forestry Department, FAO.

Fezzi C, Bateman I, Askew T, et al. 2013. Valuing provisioning ecosystem services in agriculture: the impact of climate change on food production in the United Kingdom. Environmental and Resource Economics, 57: 197-214.

Folke C, Carpenter S, Elmqvist T, et al. 2002. Resilience and sustainable development: building adaptive capacity in a world of transformations. Ambio, 31 (5): 437-440.

Frank E G, Schlenker W. 2016. Balancing economic and ecological goals. Science, 353 (6300): 651.

Franklin S E, Wulder M A. 2002. Remote sensing methods in medium spatial resolution satellite data land cover classification of large areas. Prog. Phys. Geog., 26: 173-205.

Gallego F J. 2004. Remote sensing and land cover area estimation. Int. J. Remote Sens., 25: 3019-3047.

Gang C C, Zhao W, Zhao T, et al. 2018. The impacts of land conversion and management measures on the grassland net primary productivity over the Loess Plateau, Northern China. Sci. Total

Environ., 645: 827-836.

Gao J, Huang J, Li S, et al. 2010. The new progresses and development trends in the research of physio-geographical regionalization in China. Prog. Geogr., 29: 1400-1407.

Garcia-Llamas P, Calvo L, Alvarez-Martinez J M, et al. 2016. Using remote sensing products to classify landscape: a multi-spatial resolution approach. Int. J. Appl. Earth Obs., 50: 95-105.

Glenn N F, Neuenschwander A, Vierling L A, et al. 2016. Landsat 8 and ICESat-2: performance and potential synergies for quantifying dryland ecosystem vegetation cover and biomass. Remote Sensing of Environment, 185: 233-242.

Gomez-Baggethun E, de Groot R, Lomas P L, et al. 2010. The history of ecosystem services in economic theory and practice: from early notions to markets and payment schemes. Ecological Economics, 69 (6): 1209-1218.

Gu F, Zhang Y, Huang M, et al. 2017. Climate-driven uncertainties in modeling terrestrial ecosystem net primary productivity in China. Agr. Forest Meteorol., 246: 123-132.

Guardia-Olmos J, Pero-Cebollero M, Gudayol-Ferre E. 2018. Meta-Analysis of the Structural Equation Models' Parameters for the Estimation of Brain Connectivity with fMRI. Front. Behav. Neurosci. 12: 1-13.

Guo Z, Cui G. 2014. The comprehensive geographical regionalization of China supporting natural conservation. Acta Ecol. Sin., 34: 1284-1294.

Han Z, Song W, Deng X Z, et al. 2018. Grassland ecosystem responses to climate change and human activities within the Three-River Headwaters Region of China. Sci. Rep., 8: 9079. doi: 10.1038/s41598-018-27150-5.

He Y, Wang M. 2013. China's geographical regionalization in Chinese secondary school curriculum (1902-2012). J. Geogr. Sci., 23: 370-383.

Heal G. 2000. Valuing ecosystem services. Ecosystems, 3 (1): 24-30.

Hein L, Bagstad K, Edens B, et al. 2016. Defining Ecosystem Assets for Natural Capital Accounting. PLoS One, 11 (11): e0164460.

Hillard E M, Nielsen C K, Groninger J W. 2017. Swamp rabbits as indicators of wildlife habitat quality in bottomland hardwood forest ecosystems. Ecol. Indic., 79: 47-53.

Huang L, Cao W, Xu X, et al. 2018. Linking the benefits of ecosystem services to sustainable spatial planning of ecological conservation strategies. J. Environ. Manage., 222: 385-395.

Hutchinson M F. 1998. Interpolation of rainfall data with thin plate smoothing splines-Part I: two dimensional smoothing of data with short range correlation. Journal of Geographic Information & Decision Analysis, 2 (2): 153-167.

Jiang C, Zhang L B. 2016. Ecosystem change assessment in the Three- River Headwater Region, China: patterns, causes, and implications. Ecol. Eng., 93: 24-36.

Jordan S J, Hayes S E, Yoskowitz D, et al. 2010. Accounting for natural resources and environmental sustainability: linking ecosystem services to human well- being. Environmental Science and Technology, 44 (5): 1530-1536.

Jordan Y C, Ghulam A, Hartling S. 2014. Traits of surface water pollution under climate and land use changes: a remote sensing and hydrological modeling approach. Earth-Sci. Rev., 128: 181-195.

Kareiva P, Tallis H, Ricketts T H, et al. 2011. Natural Capital: Theory and Practice of Mapping Ecosystem Services. Oxford, UK: Oxford University Press.

Kennedy C M, Miteva D A, Baumgarten L, et al. 2016. Bigger is better: improved nature conservation and economic returns from landscape- level mitigation. Science Advances, 2 (7): e1501021.

Khan J, Greene P, Johnson A. 2014. UK Natural Capital – Initial and Partial Monetary Estimates. South Wales: Office for National Statistics, UK.

Khatun K. 2018. Land use management in the Galapagos: a preliminary study on reducing the impacts of invasive plant species through sustainable agriculture and payment for ecosystem services. Land Degrad. Dev., 29: 3069-3076.

Koike F. 2001. Plant traits as predictors of woody species dominance in climax forest communities. J. Veg. Sci., 12: 327-336.

Kong L Q, Zheng H, Rao E M, et al. 2018. Evaluating indirect and direct effects of eco- restoration policy on soil conservation service in Yangtze River Basin. Sci. Total Environ. : 631-632, 887-894.

Lai T Y, Salminen J, Jappinen J P, et al. 2018. Bridging the gap between ecosystem service indicators and ecosystem accounting in Finland. Ecol. Model., 377: 51-65.

Li J, Mario G, Gianni P. 1999. Factors affecting technical changes in rice based farming system in southern China: case study of Qianjiang municipality. Critical Reviews in Plant Sciences, 18 (3): 283-297.

Li T, Lu Y H, Fu B J, et al. 2017. Gauging policy- driven large- scale vegetation restoration programmes under a changing environment: their effectiveness and socio- economic relationships. Sci. Total Environ., 607: 911-919.

Lima R B D, Freire F J, Marangon L C, et al. 2018. Nutritional efficiency of plants as an indicator of forest species for the restoration of forests, Brazil. Sci. For., 46: 415-426.

Lin Y P, Lin W C, Wang Y C, et al. 2017. Systematically designating conservation areas for protecting habitat quality and multiple ecosystem services. Environ. Modell. Softw., 90: 126-146.

Liu S A, Costanza R, Troy A, et al. 2010. Valuing New Jersey's ecosystem services and natural capital: a spatially explicit benefit transfer approach. Environmental Management, 45 (6): 1271-1285.

Liu Y, Hou X, Li X, et al. 2020. Assessing and predicting changes in ecosystem service values based on land use/cover change in the Bohai Rim coastal zone. Ecological Indicators, 111: 106004.

Loomis J. 2003. Travel cost demand model based river recreation benefit estimates with on-site and household surveys. Water Resour. Res., 39: 1-4.

Loomis J, Keske C. 2012. Did the great recession reduce visitor spending and willingness to pay for nature-based recreation: evidence from 2006 and 2009. Contemp. Econ. Policy, 30: 238-246.

Lu Q S, Ning J C, Liang F Y, et al. 2017. Evaluating the effects of government policy and drought from 1984 to 2009 on rangeland in the Three Rivers Source Region of the Qinghai-Tibet Plateau. Sustainability-Basel., 9: 1033.

Lu F, Hu H F, Sun W J, et al. 2018. Effects of national ecological restoration projects on carbon sequestration in China from 2001 to 2010. Proceedings of the National Academy of Sciences of the United States of America, 115 (16): 4039-4044.

Mancini M S, Galli A, Niccolucci V, et al. 2017. Stocks and flows of natural capital: implications for ecological footprint. Ecol. Indic., 77: 123-128.

Maseyk F J F, Mackay A D, Possingham H P, et al. 2017. Managing natural capital stocks for the provision of ecosystem services. Conserv. Lett., 10: 211-220.

McGillivray M. 2005. Measuring non-economic well-being achievement. Review of Income and Wealth, (2): 337-364.

McVicar T R, Jupp D L B. 1998. The current and potential operational uses of remote sensing to aid decisions on drought exceptional circumstances in Australia: a review. Agricultural Systems, 57: 399-468.

Millard K, Redden A M, Webster T, et al. 2013. Use of GIS and high resolution LiDAR in salt marsh restoration site suitability assessments in the upper Bay of Fundy, Canada. Wetl. Ecol. Manag., 21: 243-262.

Millennium Ecosystem Assessment (MA). 2005. Ecosystems and Human Well-being. Washington D. C.: Island Press.

Mitchell R, Carson R. 1989. Using Surveys to Value Public Goods: The Contingent Valuation Method. Washington D. C.: Resources for the Future.

Mukhopadhyay B, Khan A. 2017. Altitudinal variations of temperature, equilibrium line altitude, and accumulation-area ratio in Upper Indus Basin. Hydrology Research, 48 (1): 214-230.

Mäler K G, Aniyar S, Jansson A. 2008. Accounting for ecosystem services as a way to understand the requirements for sustainable development. Proceedings of the National Academy of Sciences of the United States of America, 105: 9501-9506.

Nagy G G, Ladanyi M, Arany I, et al. 2017. Birds and plants: comparing biodiversity indicators in eight lowland agricultural mosaic landscapes in Hungary. Ecol. Indic., 73: 566-573.

Nelson E, Sander H, Hawthorne P, et al. 2010. Projecting global land-use change and its effect on ecosystem service provision and biodiversity with simple models. PLoS One, 5 (12): e14327.

Ninan K N, Inoue M. 2013. Valuing forest ecosystem services: what we know and what we don't. Ecological Economics, 93: 137-149.

NRC (National Research Council). 2005. Valuing Ecosystem Services: Toward Better Environmental Decision-Making. Washington D. C.: National Academy Press.

Ockendon N, Thomas D H L, Cortina J, et al. 2018. One hundred priority questions for landscape restoration in Europe. Biol. Conserv., 221: 198-208.

OECD. 1996. The Economic Appraisal of Environmental Protects and Policies: A Practical Guide. Paris: OECD.

Ostale-Valriberas E, Sempere-Valverde J, Coppa S, et al. 2018. Creation of microhabitats (tidepools) in ripraps with climax communities as a way to mitigate negative effects of artificial substrate on marine biodiversity. Ecol. Eng., 120: 522-531.

Ouyang Z Y, Zheng H, Xiao Y, et al. 2016. Improvements in ecosystem services from investments in natural capital. Science, 352 (6292): 1455-1459.

Ouyang Z Y, Song C S, Zheng H, et al. 2020. Using gross ecosystem product (GEP) to value nature in decision making. Proceedings of the National Academy of Sciences of the United States of America, 117 (25): 14593-14601.

Pearce D, Turner R. 1990. Economics of Natural Resources and the Environment. Baltimore, USA: John Hopkins University Press.

Polasky S, Nelson E, Pennington D, et al. 2011. The impact of land-use change on ecosystem services, biodiversity and returns to landowners: a case study in the State of Minnesota. Environmental and Resource Economics, 48 (2): 219-242.

Ralph B. 2012. Scotland's Natural Capital Asset (NCA) Index. Scottish Natural Heritage, UK. http://www. snh. gov. uk[2018-03-08].

Rogan J, Chen D. 2004. Remote sensing technology for mapping and monitoring land-cover and land-use change. Progress in Planning, 61: 301-325.

Rolfe J, Bennett J, Louviere J. 2000. Choice modeling and its potential application to tropical rainforest preservation. Ecological Economics, 35 (2): 289-302.

Rorato D G, Araujo M M, Tabaldi L A, et al. 2018. Tolerance and resilience of forest species to frost in restoration planting in southern Brazil. Restor. Ecol., 26: 537-542.

Shao Q Q, Cao W, Fan J W, et al. 2017. Effects of an ecological conservation and restoration project in the Three-River Source Region, China. J. Geogr. Sci., 27: 183-204.

Sheng W, Zhen L, Xiao Y, et al. 2019. Ecological and socioeconomic effects of ecological restoration in China's Three Rivers Source Region. Sci. Total Environ., 650: 2307-2313.

Smil V. 2002. Nitrogen and food production: proteins for human diets. Ambio, 31 (2): 126-131.

Smith A C, Harrison P A, Pérez S M, et al. 2017. How natural capital delivers ecosystem services: a typology derived from a systematic review. Ecosystem Services, 26: 111-126.

Song X P, Hansen M C, Stehman S V, et al. 2018. Global land change from 1982 to 2016. Nature, 560: 639-643.

Stow D A, Hope A, McGuire D, et al. 2004. Remote sensing of vegetation and land-cover change in Arctic Tundra Ecosystems. Remote Sens. Environ., 89: 281-308.

Tallis H, Kareiva P, Marvier M, et al. 2008. An ecosystem services framework to support both practical conservation and economic development. Proceedings of the National Academy of Sciences of the United States of America, (105) 28: 9457-9464.

Tallis H T, Ricketts T, Guerry A D, et al. 2011. InVEST 2.4.4 User's Guide. The Natural Capital Project, Stanford. http://www. naturalcapitalproject. org[2017-12-20].

Tang X, Zhao X, Bai Y, et al. 2018. Carbon pools in China's terrestrial ecosystems: new estimates based on an intensive field survey. Proc. Natl. Acad. Sci. U. S. A., 115: 4021-4026.

TEEB. 2010. The Economics of Ecosystems and Biodiversity. Mainstreaming the Economics of Nature: A Synthesis of the Approach, Conclusions and Recommendations of TEEB. http://www. teebweb. org/our-publications/teeb-study-reports/synthesisreport/#. Ujxmnn9mOG8[2018-03-15].

Tehrany M S, Kumar L, Drielsma M J. 2017. Review of native vegetation condition assessment concepts, methods and future trends. Journal for Nature Conservation, 40: 12-23.

ten Brink B. 2007. The Natural Capital Index Framework (NCI). Brussels: Contribution to Beyond GDP Virtual Indicator Expo.

Tian F, Brandt M, Liu Y Y, et al. 2016. Remote sensing of vegetation dynamics in drylands: evaluating vegetation optical depth (VOD) using AVHRR NDVI and in situ green biomass data over West African Sahel. Remote Sens. Environ., 177: 265-276.

Turner R K, Daily G C. 2008. The ecosystem services framework and natural capital conservation. Environ. Res. Econ., 39: 25-35.

UNCEEA. 2013. System of Environmental-Economic Accounting- Experimental Ecosystem Accounting. http://unstats. un. org/unsd/envaccounting/eea_white_cover. pdf[2018-05-06].

United Nations, European Commission, International Monetary Fund, et al. 2003. Integrated Environmental and Economic Accounting 2003. New York: United Nations, European Commission, International Monetary Fund, Organization for Economic Co-operation and Development, World Bank.

Vackaru D, Grammatikopoulou I. 2019. Toward development of ecosystem asset accounts at the national level. Ecosyst. Health Sust., 5: 36-46.

Vassallo P, Paoli C, Rovere A, et al. 2013. The value of the seagrass Posidonia oceanica: a natural capital assessment. Marine Pollution Bulletin, 75: 157-167.

Vemuri A W, Costanza R. 2006. The role of human, social, built, and natural capital in explaining life satisfaction at the country level: toward a National Well-Being Index (NWI) . Ecological Economics, 58 (1): 119-133.

Wang H, Zhou S L, Li X B, et al. 2016. The influence of climate change and human activities on ecosystem service value. Ecological Engineering, 87: 224-239.

Wang P, Wolf S A. 2019. A targeted approach to payments for ecosystem services. Global Ecol. Conserv., 17: e00577.

Wang T, He G S, Zhou Q L, et al. 2018. Designing a framework for marine ecosystem assets accounting. Ocean Coast. Manage., 163: 92-100.

Wang Y Q, Yang J, Chen Y N, et al. 2018. The spatiotemporal response of soil moisture to precipitation and temperature changes in an arid region, China. Remote Sensing, 10 (3): doi: 10. 3390/rs10030468.

Wei S G, Dai Y J, Liu B Y, et al. 2012. A soil particle-size distribution dataset for regional land and climate modelling in China. Geoderma, 171-172 (1): 85-91.

Wilson M A, Carpenter S R. 1999. Economic valuation of freshwater ecosystem services in the United States: 1971-1997. Ecological Applications, 9 (3): 772-783.

Woodward R T, Wui Y S. 2001. The economic value of wetland services: a meta-analysis. Ecological Economics, 37: 257-270.

Wu J S, Fu G. 2018. Modelling aboveground biomass using MODIS FPAR/LAI data in alpine grasslands of the Northern Tibetan Plateau. Remote Sensing Letters, 9 (2): 150-159.

WWF. 2014. Living Planet Report. http://www. worldwildlife. org/pages/living-planet-report-2014 [2018-01-03].

Xu M, Kang S C, Chen X L, et al. 2018. Detection of hydrological variations and their impacts on vegetation from multiple satellite observations in the Three- River Source Region of the Tibetan Plateau. Sci. Total Environ., 639: 1220-1232.

Yang X T, Liu H P, Gao X F. 2015. Land cover changed object detection in remote sensing data with medium spatial resolution. Int. J. Appl. Earth Obs., 38: 129-137.

Zhang L, Li X, Yuan Q, et al. 2014. Object-based approach to national land cover mapping using HJ satellite imagery. J Appl. Remote Sens., 8: 1-19.

Zhang X Y, Lu X G. 2010. Multiple criteria evaluation of ecosystem services for the Ruoergai Plateau Marshes in southwest China. Ecological Economics, 69 (7): 1463-1470.

Zhang Y, Zhang C B, Wang Z Q, et al. 2016. Vegetation dynamics and its driving forces from climate change and human activities in the Three-River Source Region, China from 1982 to 2012. Science of the Total Environment, 563: 210-220.

Zhou H, Zhao X, Tang Y, et al. 2005. Alpine grassland degradation and its control in the source region of the Yangtze and Yellow Rivers, China. Grassland Sci., 51: 191-203.

参 考 文 献